# 周期表

| 10 | 11 | 12 | 13 | 14 | | | | 18 | 族/周期 |
|---|---|---|---|---|---|---|---|---|---|
| | | | | | | | | ₂He ヘリウム 4.003 | 1 |
| | | | ₅B ホウ素 10.81 | ₆C 炭素 12.01 | ₇N 窒素 14.01 | ₈O 酸素 16.00 | ₉F フッ素 19.00 | ₁₀Ne ネオン 20.18 | 2 |
| | | | ₁₃Al アルミニウム 26.98 | ₁₄Si ケイ素 28.09 | ₁₅P リン 30.97 | ₁₆S 硫黄 32.07 | ₁₇Cl 塩素 35.45 | ₁₈Ar アルゴン 39.95 | 3 |
| ₂₈Ni ニッケル 58.69 | ₂₉Cu 銅 63.55 | ₃₀Zn 亜鉛 65.41 | ₃₁Ga ガリウム 69.72 | ₃₂Ge ゲルマニウム 72.64 | ₃₃As ヒ素 74.92 | ₃₄Se セレン 78.96 | ₃₅Br 臭素 79.90 | ₃₆Kr クリプトン 83.80 | 4 |
| ₄₆Pd パラジウム 106.4 | ₄₇Ag 銀 107.9 | ₄₈Cd カドミウム 112.4 | ₄₉In インジウム 114.8 | ₅₀Sn スズ 118.7 | ₅₁Sb アンチモン 121.8 | ₅₂Te テルル 127.6 | ₅₃I ヨウ素 126.9 | ₅₄Xe キセノン 131.3 | 5 |
| ₇₈Pt 白金 195.1 | ₇₉Au 金 197.0 | ₈₀Hg 水銀 200.6 | ₈₁Tl タリウム 204.4 | ₈₂Pb 鉛 207.2 | ₈₃Bi ビスマス 209.0 | ₈₄Po ポロニウム — | ₈₅At アスタチン — | ₈₆Rn ラドン — | 6 |
| ₁₁₀Ds ダームスタチウム — | ₁₁₁Rg レントゲニウム — | ₁₁₂Cn コペルニシウム — | ₁₁₃Nh ニホニウム — | ₁₁₄Fl フレロビウム — | ₁₁₅Mc モスコビウム — | ₁₁₆Lv リバモリウム — | ハロゲン | 希ガス | 7 |

ここに示した原子量は、IUPACで承認された最新の資料をもとに、日本化学会原子量小委員会で有効数字4桁にまとめて作成したものである。
ただし、元素の原子量が確定できないものは—で示した。

| ₆₃Eu ユウロピウム 152.0 | ₆₄Gd ガドリニウム 157.3 | ₆₅Tb テルビウム 158.9 | ₆₆Dy ジスプロシウム 162.5 | ₆₇Ho ホルミウム 164.9 | ₆₈Er エルビウム 167.3 | ₆₉Tm ツリウム 168.9 | ₇₀Yb イッテルビウム 173.0 | ₇₁Lu ルテチウム 175.0 |
| ₉₅Am アメリシウム — | ₉₆Cm キュリウム — | ₉₇Bk バークリウム — | ₉₈Cf カリホルニウム — | ₉₉Es アインスタイニウム — | ₁₀₀Fm フェルミウム — | ₁₀₁Md メンデレビウム — | ₁₀₂No ノーベリウム — | ₁₀₃Lr ローレンシウム — |

授業の理解から入試対策まで

# よくわかる化学基礎

冨田　功　　お茶の水女子大学名誉教授・理学博士

目良誠二　元東京都立新宿高等学校教諭
亀谷　進　元東京都立国立高等学校教諭
石曾根誠一　元東京都立両国高等学校教諭

## まえがき

　自然界には，多種多様な物質があり，これらは絶えず変化しています。これらの物質は何からできているのか，どのような性質があるのか，どのように変化するのか，などを研究するのが化学です。

　また，種々の金属製品，合成繊維，プラスチックあるいは医薬品や染料など，われわれの身のまわりにある多くの製品は，化学技術によってつくられたものであり，これらの化学製品なしにはわれわれの生活は成り立たなくなっています。このように化学は，物質を探究する学問であるとともに，われわれの生活と深く密着したものです。

　高校の化学は，平成24年度からの新指導要領にしたがい，「化学基礎」と「化学」によって，化学の基礎から身のまわりにあるおもな化学製品まで，幅広く学習します。本書は「化学基礎」の参考書であり，おもに「物質は何からできているか」，「物質はどのように変化するか」など化学の基礎的な知識を中心とした内容になっています。

　また，本書は，次のような点に留意しながら書いてあります。
1. どの教科書にも適応できるように配慮してあります。
2. 授業に役立つことはもちろんですが，大学入試にそなえることにも重点をおいています。
3. 図・表・写真を多用し，わかりやすい記述を心がけるとともに，親しみやすいよう配慮してあります。
4. 種々の法則や原理・性質などを理解するためのポイントや問題を解くためのポイントを示したり，関連図・モデル図などを用いたりして，理解を助けるとともに問題を解くためにも活用できるよう工夫してあります。
5. 各部・章・項目・事項の相互の関係を重視し，化学全体を体系的に理解できるようにしてあります。

　本書を十分に活用することで，化学への興味と理解が深まるとともに，大学入試問題にも自信をもてるものと確信します。

冨田　功

# 本書の使い方

**1　学校の授業の理解に役立ち，基礎から入試レベルまでよくわかる参考書**

　　本書は，高校の授業の理解に役立つ化学基礎の参考書です。
　　授業の予習や復習に使うと授業を理解するのに役立ちます。また，各項目の理解のポイントを示したり，例題や詳しい解説などもあり，大学入試やセンター試験対策にも役立ちます。

**2　図や表，写真が豊富で，見やすく，わかりやすい**

　　カラーの図や表，写真を豊富に使うことで，学習する内容のイメージがつかみやすく，また，図中に解説を入れることでポイントがさらによくわかります。

**3　POINT・太字で要点がよくわかる
　　さらに プラスα で一歩進めてわかる**

　　POINT で「覚えておきたいポイント」，「問題を解くためのポイント」がわかります。色のついた文字や，太字になっている文章は特に注目して学習しましょう。プラスα では，さらに一歩進んだ内容を知ることができます。

**4　例題 や 例 でしっかり理解できる**

　　解説を読んだ後，例 でしっかりおさえ，さらに 例題 を解くことで学んだ知識を定着させることができ，理解が深まります。
　　また，章末にある「確認テスト」や，部末にある「センター試験対策問題」にチャレンジすることで学習内容の理解度を知ることができます。問題に対する詳しい解説もあるので，さらに理解を確実にします。

**5　補足・コラム・参考 で関連事項にふれ，知識を深められる**

　　知っておくと役に立つ事柄や，ややハイレベルの内容についての解説です。関連事項を理解することで，知識をより深め，学習の助けになります。
　　なお，発展 に収録されている記述は化学基礎の教育課程の範囲を越えておりますが，化学基礎の内容をより深く理解するうえで役立つものです。

# CONTENTS もくじ

まえがき ……………… 2
本書の使い方 ……………… 3

## 第1部 物質の構成　7

### 第1章 物質と元素　8

1 混合物と純物質 ……………………………………… 9
2 元素・単体・化合物 ……………………………………… 13

確認テスト1 ……………………………………… 20

### 第2章 熱運動と物質の三態　21

1 熱運動 ……………………………………… 22
2 物質の三態と状態変化 ……………………………………… 23

確認テスト2 ……………………………………… 28

### 第3章 物質の構成粒子　29

1 原子とその構造 ……………………………………… 30
2 原子の電子配置 ……………………………………… 35
3 イオンとその電子配置 ……………………………………… 38
4 元素の周期表 ……………………………………… 45

確認テスト3 ……………………………………… 55

## 第4章 物質と化学結合　　56

1. イオン結合とイオン結晶　　57
2. 金属結合と金属　　61
3. 分子と共有結合　　62
4. 共有結合の結晶　　66
5. 電子式と共有結合　　69
6. 配位結合と錯イオン　　74
7. 分子間の結合　　78
8. 金属の結晶構造　　88

確認テスト4　　94

センター試験対策問題　　96

# 第2部 物質の変化　　99

## 第1章 原子量・物質量と化学反応式　　100

1. 原子量・分子量と物質量　　101
2. 化学反応式と量的関係　　109
3. 溶液の濃度と固体の溶解度　　114
4. 原子説と分子説　　117

確認テスト1　　120

もくじ　5

## 第2章 酸・塩基・塩　122

1. 酸と塩基 …… 123
2. 水素イオン濃度とpH …… 131
3. 中和反応と塩 …… 136
4. 中和反応の量的関係 …… 141
5. 酸性酸化物と塩基性酸化物 …… 152

確認テスト2 …… 154

## 第3章 酸化還元反応　156

1. 酸化・還元 …… 157
2. 酸化数と酸化・還元 …… 160
3. 酸化剤・還元剤とその反応 …… 164
4. 金属のイオン化傾向 …… 170
5. 電池と電気分解 …… 174

確認テスト3 …… 180

**センター試験対策問題** …… 182

解答・解説 …… 185
巻末付録 …… 195
さくいん …… 200

# 第1部 物質の構成

この部で学ぶこと

1. 物質と混合物・純物質
2. 元素・単体・化合物
3. 物質の三態と状態変化
4. 原子とその構造
5. 原子・イオンの電子配置
6. 元素の周期表
7. イオン結合・金属結合とその結晶
8. 分子と共有結合，共有結合の結晶
9. 分子間の結合
10. 金属の結晶構造

BASIC CHEMISTRY

# 第1章

# 物質と元素

### この章で学習するポイント

- ☐ 混合物と純物質について
- ☐ その違いと見分ける方法
- ☐ 混合物から純物質を分離する方法

- ☐ 物質(純物質)について
- ☐ 物質を構成している成分
- ☐ 元素と単体の違い
- ☐ 単体と化合物の違い
- ☐ 同素体
- ☐ 物質を構成している粒子

# 1 混合物と純物質

## 1 混合物と純物質

　自然界のほとんどの物質は，いく種類かの物質が混じりあった**混合物**である。空気や海水は，一様に見えるが，空気は冷却して液体空気にすることによって，窒素や酸素などに分けることができ，海水は加熱することによって，水や塩化ナトリウム等に分けることができる。これに対し，窒素や酸素，水や塩化ナトリウムなどは，冷却や加熱によって他の物質に分けることができない。このような，**他の物質が混じっていない**物質を**純物質**という。

（補足）土・海水・空気・岩石・石油・天然ガスなど，天然の物質の多くは混合物として存在している。

〈混合物と純物質の見分け方〉

　純物質は，それぞれの物質に固有の性質をもっている。とくに，沸点・融点は，その物質によって一定の値を示す。これに対して混合物では，同じ成分物質（純物質）からなる混合物でも，混合する割合によって沸点・融点が変化する。

　したがって，調べようとする**物質の沸点や融点が，つねに一定ならば純物質，一定でない場合は混合物**である。

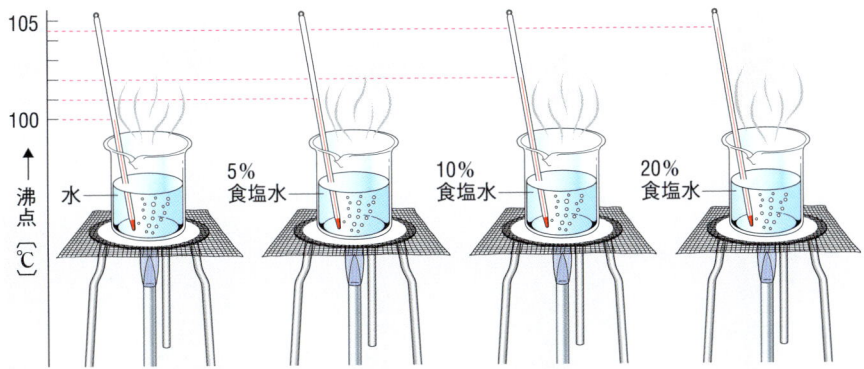

図1-1　水と食塩水（塩化ナトリウム水溶液）の沸点

> **POINT**
> 沸点や融点が { つねに一定 ⇒ 純物質 / 変化する ⇒ 混合物 }
> 混合物は，成分物質の混合割合によって，沸点・融点が変化する。

## 2 混合物の分離

混合物をその成分の純物質に分けることを**分離**という。混合している他の成分物質を分離して，1つの成分物質(純物質)の純度を高めることを**精製**という。

### Ⓐ ろ過

水溶液中の沈殿や泥水のように，水と固体物質の混合物は，右の**図1-2**のようにして水と固体物質に分離できる。このように，液体と固体の混合物をろ紙などを用いて分離する方法を**ろ過**という。

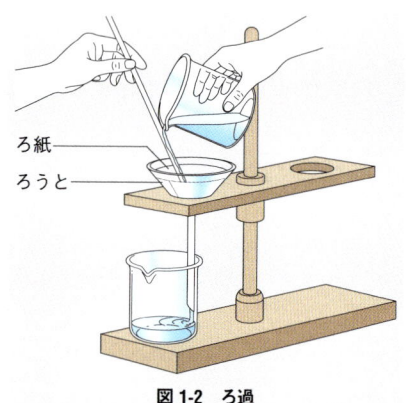

図1-2 ろ過

### Ⓑ 蒸留

液体に他の物質が溶けている溶液を，加熱して蒸気を冷却することで，沸点の低い成分を分離する方法を**蒸留**という。**図1-3**は水溶液の蒸留操作で，このようにして分離された水を**蒸留水**という。

**＋プラスα**
下図の次の点に着目しよう。
・温度計の球部の位置
・冷却器の水の方向
・沸騰石が必要

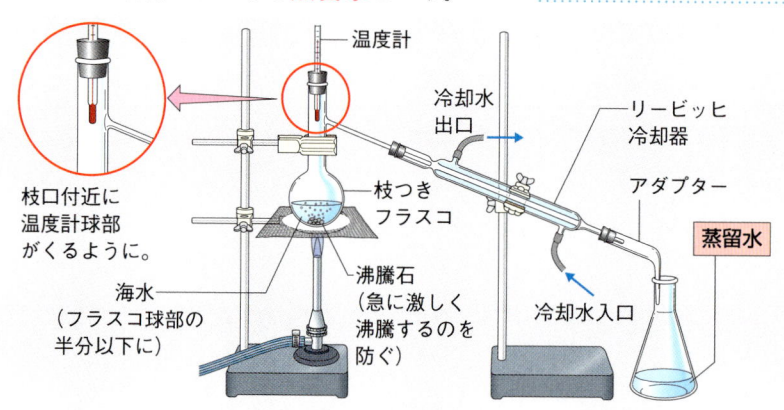

図1-3 蒸留操作

## ⓒ 分留

空気は，下の**表 1-1** のような気体の混合物である。空気を−200 °C 近くまで冷却すると，液体となる。これを液体空気という。**液体空気**の温度を徐々に上げていくと，窒素のように沸点の低い気体から蒸発していく。このことを利用して空気をその成分気体に分離することができる。このように，沸点の差を利用して液体混合物をその成分物質に分離することを**分留**という。

補足 1. 液体空気中の各気体の沸点は各々異なる。
2. 空気はおもに $N_2$ と $O_2$ からなる。その体積比「$N_2 : O_2 = 4 : 1$」は覚えておこう。

表 1-1　空気の組成と沸点

| 名　称 | 記号 | 体積百分率(%) | 沸点(℃) |
|---|---|---|---|
| 窒素 | $N_2$ | 78.08 | − 195.8 |
| 酸素 | $O_2$ | 20.95 | − 183.0 |
| アルゴン | Ar | 0.934 | − 186.0 |
| 二酸化炭素 | $CO_2$ | 0.038 | − 78.5（昇華） |
| ネオン | Ne | 0.0018 | − 246.0 |
| ヘリウム | He | 0.0005 | − 269.0 |
| クリプトン | Kr | 0.0001 | − 153.0 |
| キセノン | Xe | 0.00001 | − 108.0 |

※体積百分率は，表示の 1 つ下の位を四捨五入しているため，足し合わせると 100 % を超えるが数値としては正しいものである。

## ⓓ 再結晶

不純物として塩化ナトリウムを含む硝酸カリウムの粉末を，高温の水に溶かせるだけ溶かし，これを冷却する。すると，低温では水に溶けにくい硝酸カリウムが，純粋な結晶となって析出する。このとき，不純物の塩化ナトリウムは溶液中に残る。このように，結晶の析出によって不純物を除く方法を**再結晶**という。

補足 再結晶は，固体の溶解度と温度の関係を利用した操作である。

## ⓔ 抽出

大豆中の油脂を取り出したいとき，大豆を砕いて粉にしたものをエーテルに入れてよく振ると，大豆中の油脂がエーテルに溶け出してくる（次にエーテルを蒸発させると油脂が残る）。このように，特定の溶媒を使い，目的の物質だけを溶かして分離する方法を**抽出**という。

例　お茶は乾燥したお茶の葉から，味と香りの成分を熱湯に抽出したもの。

補足 油脂は，水に溶けにくいがエーテルには溶ける。

## ❻ 昇華

鉄粉に混合したヨウ素をおだやかに加熱すると，ヨウ素だけが昇華して気体となり，この気体を冷却すると，ヨウ素の結晶が得られる。このように，固体混合物から，直接気体になりやすい物質を分離する方法を**昇華**という。

## ❼ クロマトグラフィー

いくつかの色素の混合物をエタノールに溶かし，方形ろ紙の端を浸すと吸着力の弱い色素ほどろ紙上を速く移動するので，色素が分離される。このように，物質の吸着力の差を利用して分離する方法を**クロマトグラフィー**という。

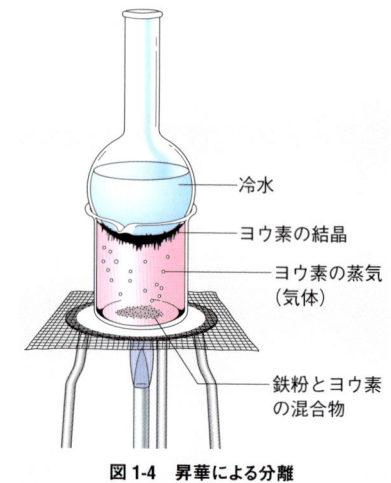

図1-4　昇華による分離

# 2 元素・単体・化合物

## 1 元素

　純物質である水は，加熱や冷却などの方法では，他の物質に分けることができない。しかし，水を電気分解すると，水素と酸素に分解される。水素と酸素は水を構成している成分であるが，それ以上他の物質に分けることができない。このような物質の成分を**元素**という。天然の物質を構成する元素は約90種類あり，人工のものを含めると約110種類の元素がある。

**補足** 水の電気分解で実際に得られるものは，水素ガスと酸素ガスである。これは単体であり，元素ではない。
　水の成分元素は水素と酸素であり，水から得られた単体（p.14）の水素（水素ガス）と酸素（酸素ガス）の成分元素は，それぞれ水素，酸素である。

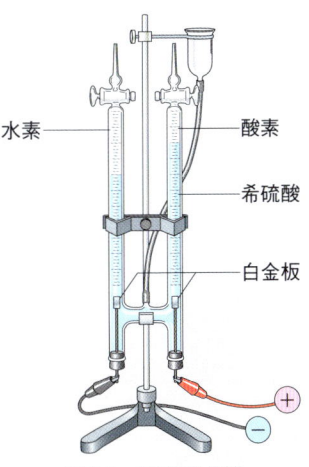

図1-5　水の電気分解
水に少量の硫酸などを加えて電気分解すると，水素と酸素の気体が発生する。

表1-2　元素記号とその由来

| 元素 | 元素記号 | ラテン語名・ギリシャ語名・英名 | 命名の由来 |
|---|---|---|---|
| 水素 | H | Hydrogenium（ラ） | 「水をつくるもの」の意味より |
| 酸素 | O | Oxygenium（ラ） | 「酸をつくるもの」の意味より |
| アルゴン | Ar | Argos（ギ） | 「不活発なもの」の意味より |
| カルシウム | Ca | Calx（ラ） | 「炭酸カルシウム」のラテン語より |
| 銅 | Cu | Cuprum（ラ） | 「キプロス島」（銅の生産地）より |
| 金 | Au | Aurum（ラ） | 「金」のラテン語より |
| メンデレビウム | Md | Mendelevium（英） | 周期表の創始者「メンデレーエフ」より |

第1章　物質と元素

## コラム 元素の分布

**1. クラーク数** アメリカの化学者クラークは，1924年，大気や海水を含めて地球の深さ16kmまでの地球表層に存在する元素を質量％で表した。この値をクラーク数という。これによると，図1-6のように，酸素が最も多く，ついでケイ素で，この2つの元素だけで約75％を占めている。

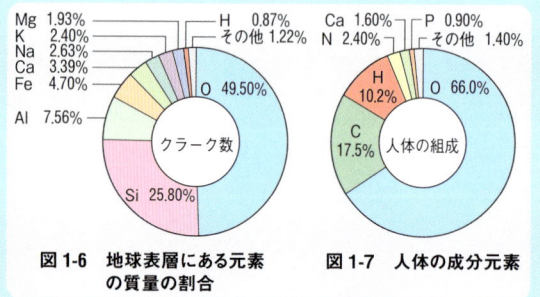

図1-6 地球表層にある元素の質量の割合  
図1-7 人体の成分元素

**2. 人体の組成** 人体の成分元素は図1-7のように，酸素が最も多く，約66％で，ついで炭素，水素，窒素の順になっている。

# 2 単体と化合物

水を電気分解したとき得られる水素や酸素，または空気中の窒素は，それぞれ1種類の元素からなる物質である。このように**1種類の元素からなる物質を単体**という。

これに対し，水は水素と酸素の元素からなり，塩化ナトリウムはナトリウムと塩素の元素，スクロース（ショ糖）は炭素・水素・酸素の元素からできている。このように**2種類以上の元素からなる物質を化合物**という。

**例** 単　体…水素 $H_2$，酸素 $O_2$，窒素 $N_2$，炭素 $C$，ナトリウム $Na$，銅 $Cu$

化合物…水 $H_2O$，塩化ナトリウム $NaCl$，硫酸 $H_2SO_4$，スクロース（ショ糖） $C_{12}H_{22}O_{11}$

**POINT**

物質 ┬ 純物質 ┬ 単　体…1種類の元素からなる物質
　　　│　　　└ 化合物…2種類以上の元素からなる物質
　　　└ 混合物………2種類以上の純物質が混じったもの

天然には混合物が多く，また，化合物は単体に比べてはるかに種類が多い。

### ➕ プラスα

「水素」といっても元素を意味する場合と，単体を意味する場合がある。
成分である元素と，物質である単体に着目する。

**例** 1. 水は水素と酸素からなる。
　　➡ この場合の「水素」「酸素」は，水の成分を意味し，元素である。
　　2. 水を電気分解すると，水素と酸素が発生する。
　　➡ この場合の「水素」「酸素」は，気体である物質を意味し，単体である。

## 3 同素体

酸素 $O_2$ とオゾン $O_3$ は，いずれも酸素の元素 O からなる単体であるが，その性質はたがいに異なる。このように，同じ元素からなる単体で性質の異なるものをたがいに**同素体**という。

### Ⓐ おもな同素体

次の例の 4 種が，おもな同素体である。

**例**　硫黄 S ｛斜方硫黄／単斜硫黄／ゴム状硫黄｝　炭素 C ｛ダイヤモンド／黒鉛／フラーレン｝　酸素 O ｛酸素 $O_2$／オゾン $O_3$｝　リン P ｛黄リン／赤リン｝

　ダイヤモンド　　黒鉛　　　　斜方硫黄　　単斜硫黄　　ゴム状硫黄

**炭素の同素体**　　　　　　　　**硫黄の同素体**

---

**POINT**　同素体をもつ元素 ⇨ **S，C，O，P** が重要

SCOP（スコップ）と覚える。

## B 同素体の性質

❶ 同素体はたがいに変化しあうことができる。

**例** 1. 酸素中で放電させるとオゾンが生成し，オゾンを放置しておくと酸素に変化する。
2. 赤リンの蒸気を急冷すると黄リンとなり，黄リンを空気を断って約260℃で加熱すると赤リンとなる。

❷ 同素体から生成する化合物は，同じものである。

**例** 1. ダイヤモンド，黒鉛，フラーレンを空気中で燃焼させると，いずれも二酸化炭素 $CO_2$ になる。
2. 黄リン，赤リンを空気中で燃焼させると，どちらも十酸化四リン $P_4O_{10}$ となる。

## C 同素体の性質の違いの例

O の同素体である酸素とオゾン，C の同素体であるダイヤモンドと黒鉛の違いはよく問われるので，押さえておこう。

**例** 1. ダイヤモンドと黒鉛（いずれも融点が非常に高い）

|  | ダイヤモンド C | 黒鉛 C |
| --- | --- | --- |
| 色 | 無色透明 | 黒色不透明 |
| 硬さ | 非常に硬い | やわらかい |
| 電導性 | 電気を通さない | 電気をよく通す |

**例** 2. 酸素とオゾン（いずれも酸化作用を示すが，オゾンの方が強い酸化作用を示す。）

|  | 酸素 $O_2$ | オゾン $O_3$ |
| --- | --- | --- |
| 色 | 無色 | 淡青色 |
| 臭い | 無臭 | 特有の臭い |
| ヨウ化カリウムデンプン紙 | 変化なし | 青色に変化する |

**補足** ヨウ化カリウムデンプン紙とは，ヨウ化カリウム KI とデンプンを水に溶かし，ろ紙に浸み込ませたもの。

オゾン $O_3$ は $O_3 \longrightarrow O_2 + O$ と分解しやすく

$$2KI + (O) + H_2O \longrightarrow 2KOH + I_2$$

の反応を起こすため，発生したヨウ素 $I_2$ がデンプンと反応し青色になる。

ヨウ素 $I_2$ とデンプンの反応をヨウ素デンプン反応という。

## 発展　同素体の性質

### C の同素体

#### 1 C の同素体の比較

炭素の同素体には, 次のような4種類がある。なお, フラーレンとカーボンナノチューブは, 近年開発された炭素の単体である。

表 1-3　C の同素体

|  | ダイヤモンド | 黒鉛(グラファイト) | フラーレン($C_{60}$) | カーボンナノチューブ |
|---|---|---|---|---|
| 融点(℃) | 4700($1.2 \times 10^{10}$ Pa) | 4700($1.1 \times 10^7$ Pa) | 530 (昇華) | ― |
| 密度($g/cm^3$) | 3.51 | 2.26 | 1.65 | ― |
| 色 | 無色 | 黒色 | 茶〜黒色 | 黒色 |
| 硬さ | 硬い | やわらかい | ― | ― |
| 電気伝導性 | なし | あり | なし | あり |

#### 2 ダイヤモンドと黒鉛の性質

ダイヤモンドと黒鉛は, ともに C 原子からなる共有結合の結晶であるが, 性質が異なる。その理由を考えてみよう。

(1) 共通点

ダイヤモンドと黒鉛はともに, **融点が非常に高い**。これは多数の原子が, たがいに共有結合で結合しているためで, 共有結合の結晶に共通の性質である。

(2) 構造の違い

C 原子の価電子は 4 個であるが, ダイヤモンドはこの 4 個の価電子が, 正四面体の中心と頂点の位置関係にあり, たがいに共有結合し, この結合を繰り返した**正四面体構造**となっている。

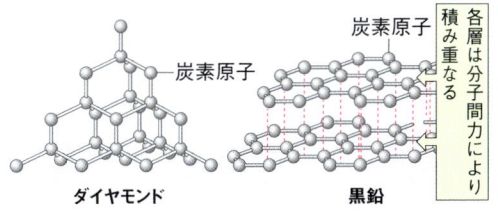

図 1-8　ダイヤモンドと黒鉛の結晶構造

**黒鉛は, 4 個の価電子のうち 3 個が共有結合した平面構造**になっていて, この平面構造間は分子間力によって積み重なった構造となっている。

(3) 硬さ

ダイヤモンドは, 1 個の C 原子に対して 4 個の C 原子がすべて共有結合した正四面体構造であるから, C 原子はずれることができず, **非常に硬い**。

黒鉛は平面構造が弱い分子間力で積み重なった構造であり, ずれやすく, **やわらかい**。

(4) 透明と黒色不透明

ダイヤモンドは, 価電子がすべて共有結合に使用されているため, 光によって振動する電子がなく, 光はそのまま通過して**無色透明**である。

黒鉛は, 4 個の価電子のうち, 1 個が共有結合に使用されていないで, フリーの状態にあるため, 光によって振動して光を吸収し, **黒色不透明**となる。

> **補足** 不安定な電子は，光によって振動して光を吸収すると，光が出てこないため，黒色やその他の色を呈する。

**(5) 電導性**

ダイヤモンドは，価電子のすべてが共有結合に使用されているため，移動できる電子がなく，**電気を通さない**。

黒鉛は，4個の価電子のうち，1個が共有結合に使用されていないので，自由に移動できる電子があり，**電気をよく通す**。

### 3 フラーレン

$C_{60}$，$C_{70}$，$C_{80}$のように，大きな球状の炭素分子を総称してフラーレンという。フラーレンは約$1.0 \times 10^{-6}$ Paのヘリウム中で黒鉛電極を用いたアーク放電により生成する。サッカーボールに似た構造をもち，化学的に安定である。

### 硫黄SとリンPの同素体

表1-4 硫黄SとリンPの同素体の性質

| 同素体 | 斜方硫黄 | 単斜硫黄 | ゴム状硫黄 | 黄リン | 赤リン |
|---|---|---|---|---|---|
| 分子式 | $S_8$ | $S_8$ | $S_x$またはS | $P_4$ | $P_x$またはP |
| 色 | 黄色 | 黄色 | 褐色 | 淡黄色 | 赤褐色 |
| 形状 | 斜方晶系結晶 | 針状結晶 | 無定形ゴム状 | ろう状固体 | 粉末 |
| 性質 | 常温で安定 | 95.5℃以上で安定 | 常温で斜方硫黄になる | 猛毒 発火点35℃ | 少し毒性 発火点260℃ |
| $CS_2$に | 溶ける | 溶ける | 溶けない | 溶ける | 溶けない |

> **補足** ゴム状硫黄は硫黄原子が多数結合，赤リンはリン原子が多数結合，いずれもそれぞれ組成式S，Pで表す。

# 4 物質を構成する基本的粒子

ドルトンが考えた原子(**p.30, p.117**)は，現在では存在が確かめられている。すべての物質は，**原子**という粒子からなる。また，水素原子，酸素原子とよばれるように，原子の種類は元素によって決まる。

アボガドロが考えた分子(**p.62, p.118**)も存在が確かめられている。気体である酸素や，水などのようにいくつかの原子が結合して分子として存在する物質がある。

> **補足** 多くの気体は，分子からなる。また18族元素の希ガスは，1つの原子で分子のように振る舞うため，単原子分子といわれることがある。

塩化ナトリウムは，原子が電荷を帯びた状態であるナトリウムイオンと塩化物イオンからなる(**p.57**)。

このように，**物質は，原子・分子・イオンなどの粒子からなる**。

## この章で学んだこと

　この章では，自然界に存在する多くの物質として，まず混合物，続いて混合物を構成している純物質について学習し，さらに物質(純物質)の構成成分として元素について，そして，単体や化合物，同素体について学習した。また，物質を構成する基本的粒子として原子・分子・イオンにも触れた。

### 1 混合物と純物質

**1 混合物**　2種類以上の物質(純物質)を混合した物質。自然界の多くの物質は混合物。[例]空気，海水，土壌
➡沸点・融点が成分物質の混合割合により変化する。

**2 純物質**　1種類の物質(純物質)からなる物質。[例]酸素，水
➡沸点・融点が一定。

**3 混合物の分離**　混合物から純物質を分けとる。

(a) **ろ過**　液体と固体をろ紙を用いて分離する。
➡水溶液中の沈殿を分離。

(b) **蒸留**　混合物の溶液を加熱し，その蒸気を冷却して凝縮させて分離する。
➡海水から水を分離。蒸留によって得られた水が蒸留水。

(c) **分留**　液体混合物を加熱し，沸点の差を利用して成分物質を分離する。
➡液体空気から酸素や窒素を分離。

(d) **再結晶**　水などの溶媒への固体物質の溶解度が温度によって異なることを利用して，純粋な結晶を分離する。
➡食塩を含む硝酸カリウムの結晶から食塩を除く。

(e) **抽出**　固体や液体の混合物に，エーテルなどの溶媒を加えて，その溶媒に溶ける物質を分離する。
➡大豆中の油脂をエーテルで抽出する。

(f) **昇華**　固体混合物から，直接気体になりやすい物質を分離する。

(g) **クロマトグラフィー**　ろ紙やシリカゲルなどの吸着剤への吸着力の差を利用して分離する。

### 2 元素・単体・化合物

**1 元素**　物質を構成する，これ以上分解できない基本的な成分が元素で，約110種類ある。➡元素記号で表す。

**2 単体**　1種類の元素からなる物質(純物質)。
[例]水素 $H_2$　酸素 $O_2$　炭素 C

**3 化合物**　2種類以上の元素からなる物質(純物質)。
[例]水 $H_2O$　硫酸 $H_2SO_4$

**4 同素体**　同じ元素からなる単体で性質がたがいに異なるもの。
　➡S：斜方硫黄，単斜硫黄，ゴム状硫黄
　　C：ダイヤモンド，黒鉛，フラーレン
　　O：酸素，オゾン
　　P：黄リン，赤リン
➡スコップ(SCOP)と覚える。

**5 物質を構成する基本的粒子**　原子，分子，イオン
[例]金属は原子，水は分子，塩化ナトリウムはイオンからなる。

## 確認テスト1

解答・解説は p.185

**1** 次の(1)～(4)の実験操作に最も適した方法を下の①～⑤より, 1つずつ選べ。
(1) 食塩水から水をとり出す。
(2) 少量の塩化ナトリウムが混じった硝酸カリウムから硝酸カリウムをとり出す。
(3) 大豆粉から大豆油をとり出す。
(4) 原油から灯油や軽油をとり出す。
　①ろ過　②分留　③蒸留　④再結晶　⑤抽出

ヒント
(2)塩化ナトリウムも硝酸カリウムも水に溶ける。
(3)大豆油はエーテルなどに溶ける。

**2** 次の①～④の物質の組み合わせのうち, 互いに同素体であるものを選べ。
　①一酸化炭素と二酸化炭素　②金と白金
　③ダイヤモンドと黒鉛　　　④塩素と臭素

同素体は同じ元素からなる単体である。

**3** 次の文(1)～(4)の下線部は「元素」,「単体」のどちらを意味しているか。
(1) 塩素は酸化力が強く, 水道水の殺菌に用いる。
(2) 地殻全体の質量の46％は酸素である。
(3) 電球のフィラメントには融点の高いタングステンが用いられている。
(4) 人間の骨はカルシウムからできている。

元素は物質を構成する成分で, 単体は1種類の元素からなる物質である。

**4** 次の①～⑤の記述のうち, 空気が混合物であることを最もよく示しているのはどれか。
①空気は, 窒素や酸素と同じく, 無色・無臭である。
②熱した銅網に空気を送ると, 酸素が除かれる。
③空気中で, 物が燃えるという, 酸素の性質を示す。
④酸素中でさびない金は, 空気中でもさびない。
⑤液体空気が蒸発するにつれて, 残る液体の酸素の含有率が大きくなる。

混合物では, 成分物質の沸点・融点が異なる。

# 第 2 章

# 熱運動と物質の三態

## この章で学習するポイント

☐ 熱運動について
☐ 拡散の現象
☐ 粒子の熱運動との関係

☐ 物質の三態について
☐ 固体・液体・気体と粒子との関係
☐ 融解熱・蒸発熱の意味
☐ 三態の変化と熱エネルギーの関係
☐ 絶対温度

# 1 熱運動

## 1 拡散

下の図のように赤褐色の臭素の気体と無色の窒素をセットし，仕切り板を除くと，臭素分子が容器全体に均一に広がる。このように，**気体に流れがないのに，分子が自然に広がる現象を**拡散という。

(補足) 拡散は液体中の分子やイオンにも見られる。

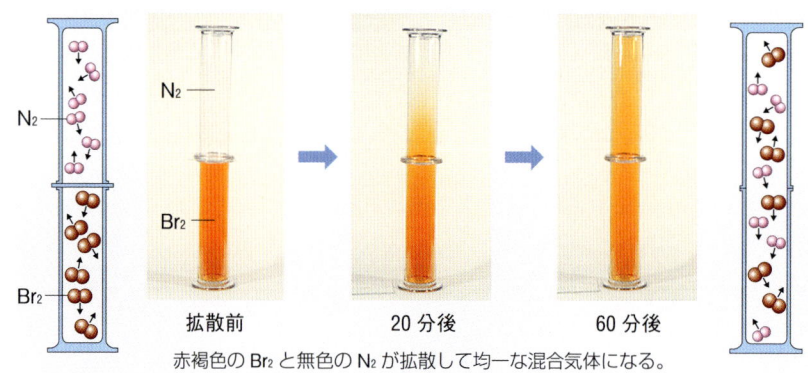

赤褐色の $Br_2$ と無色の $N_2$ が拡散して均一な混合気体になる。

**図 2-1 臭素の拡散**

## 2 熱運動

拡散は，物質を構成する粒子（分子や原子，イオン）が，その温度に応じて絶え間なく不規則な直線運動をするために起こる。この運動を**熱運動**という。気体分子の熱運動の特徴は以下の通り。

① 気体分子はいろいろな方向に運動しており，他の分子や容器の壁に衝突して，方向や運動エネルギーを変化させる。

② 温度が一定でも各分子の速度はまちまちだが，全体では一定の速度分布をもつ。

③ 温度が高くなると，運動エネルギーの総和は大きくなり，平均の速度も大きくなる。

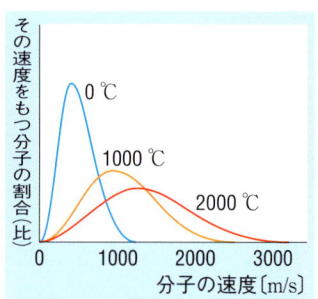

グラフの山（平均速度）が右に移動するのは，高温になるほど速度が大きい分子の割合が増加するからである。

**図 2-2 気体分子（$N_2$）の速度分布**

# 2 物質の三態と状態変化

## 1 物質の三態と融解熱・蒸発熱

### Ⓐ 物質の三態

物質は集合状態の違いにより，固体，液体，気体の3つの状態をとる。これを**物質の三態**という。次の説明における粒子は，分子や原子，イオンである。

① **固体** 粒子間の距離は小さく，一定の位置で振動(熱運動)しており，一定の形状をとる。粒子が規則正しく配列された固体が**結晶**である。

(補足) ガラスは，構成粒子の配列が不規則で，**無定形固体(アモルファス)** とよばれる。

② **液体** 粒子間の距離は小さく，熱運動が粒子間の引力に打ち勝って，たがいに位置を変え，流動性をもつ。

③ **気体** 粒子(気体の場合はすべて分子)間の距離は大きく，自由に空間を高速で運動しており，容器の中に入れておかないと，拡散して散逸する。

### Ⓑ 融解熱と蒸発熱

1気圧のもとで，固体が融点で融解して液体になるときに吸収する熱量を**融解熱**といい，液体が凝固点(融点)で凝固して固体になるときに放出する熱量を**凝固熱**という。液体が沸点で蒸発して気体になるときに吸収する熱量を**蒸発熱**といい，気体が凝縮点

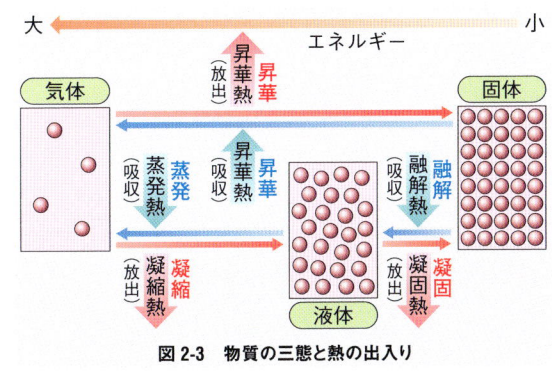

図2-3 物質の三態と熱の出入り

で凝縮して液体になるときに放出する熱量を**凝縮熱**という。固体から気体への変化および，気体から固体への変化にともなって吸収・放出する熱量をともに**昇華熱**という。

(補足) 1. 融解熱と凝固熱，および蒸発熱と凝縮熱の値は等しい。
2. 液体の内部からも蒸発が起こる現象が沸騰で，1気圧でのその温度が沸点である。
3. 1気圧(atm)＝$1.013×10^5$ Pa （パスカル）。海面上の大気の標準的な圧力。

第2章 熱運動と物質の三態 23

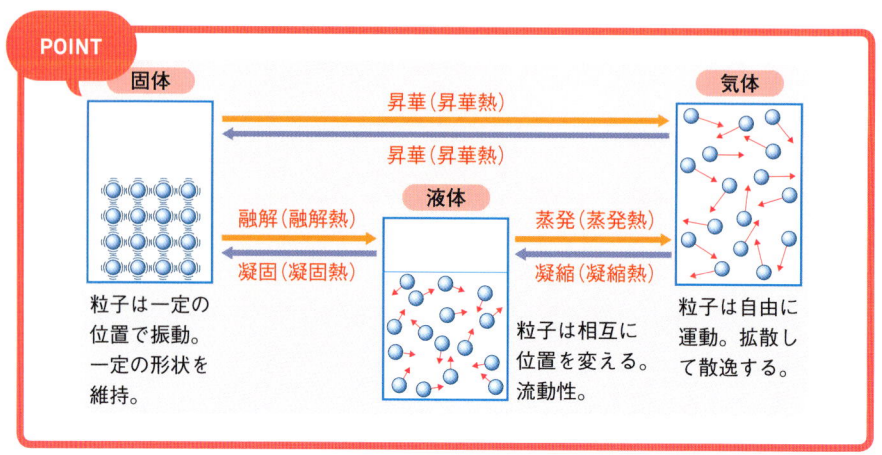

## 2 状態変化と熱エネルギー

### Ⓐ状態変化と熱エネルギー

　図 2-4 は，1 気圧下で氷に一定の割合で熱エネルギーを加えたときの温度変化の図である。融点(0 °C)では，固体と液体が共存し，加えられた熱エネルギーは固体から液体への状態変化に使われ，温度上昇には使われず，温度は一定に保たれる。同様に，沸点(100 °C)では，加えられた熱エネルギーは液体から気体への状態変化に使われ，温度は一定に保たれる。

　補足　このような状態変化を**物理変化**といい，物質が別の物質に変わる変化を**化学変化**という(**p.109**)。

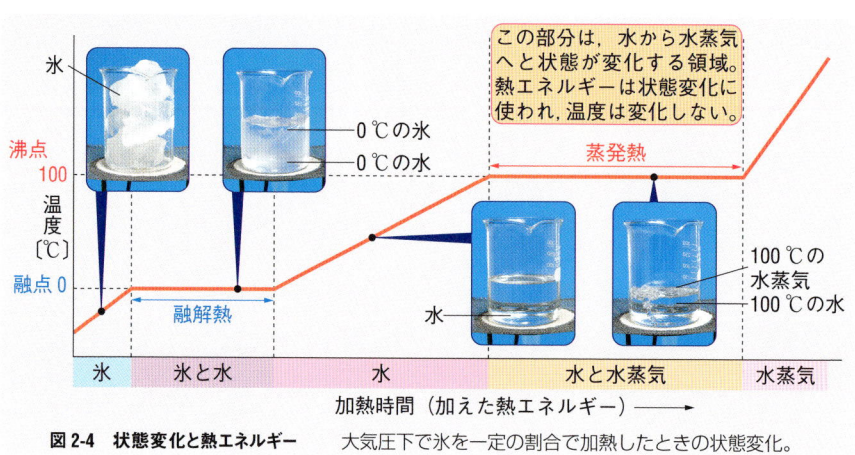

図 2-4　状態変化と熱エネルギー　大気圧下で氷を一定の割合で加熱したときの状態変化。

> **POINT**
> 融点では固体と液体が共存し，温度は一定に保たれる。
> 沸点では液体と気体が共存し，温度は一定に保たれる。

(補足) 固体で融点が存在するのは結晶の場合で，無定形固体(アモルファス)は一定の融点を示さない。

### 例題1　状態変化と熱エネルギー

右の図は，ある純物質を一定の割合で加熱したときの温度変化を表している。
(1) AB，BC，CD，DE 間の物質の状態を書け。
(2) 温度 $t_1$ と $t_2$ は何とよばれるか。
(3) BC 間，DE 間に吸収される熱量を何というか。

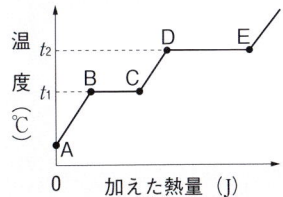

**解答**
(1) AB 間：**固体**，BC 間：**固体と液体**，CD 間：**液体**，DE 間：**液体と気体**
(2) $t_1$：**融点**，$t_2$：**沸点**　(3) BC 間：**融解熱**，DE 間：**蒸発熱**　…答

## B 熱運動と温度

粒子の熱運動は，温度が高いほど激しい。

### ❶ セ氏温度(セルシウス温度)℃

セ氏温度は，1気圧($1.013 \times 10^5$ Pa)で水が凍る温度を 0 度，沸騰する温度を 100 度として定めた温度である。

### ❷ 絶対温度 K

温度を下げていくと，粒子の熱運動が穏やかになり，理論上 $-273$ ℃で温度の低下は停止する。この温度が最も低い温度で**絶対零度**といい，これを原点にした温度を**絶対温度**という。単位は **K(ケルビン)** を用いる。

セ氏温度 $t$(℃)と絶対温度 $T$(K)の間には，次の関係がある。

$$T(\text{K}) = t(\text{℃}) + 273$$

(補足) 絶対零度は厳密には $-273.15$ ℃である。

## 発展　絶対温度が生まれるまで

### 1 シャルルの法則

気体は，温度が高くなると膨張し，低くなると収縮するが，この温度の上昇・降下による気体の体積の増減を実測すると，次のようになる。

「気体の体積は，圧力一定のとき，温度を1℃上昇(または降下)するごとに，0℃のときの体積の $\frac{1}{273}$ だけ増加(または減少)する。」

この関係は，1787年シャルルによって発見され，**シャルルの法則**と呼ばれる。

シャルルの法則を式で表してみよう。ある圧力のもとで，0℃の気体の体積を $V_0$ とすると，$t$ [℃]のときの体積 $V$ は次のように表される。

$$V = V_0 \times \left(1 + \frac{t}{273}\right) = \frac{273 + t}{273} V_0 \quad \cdots\cdots ①$$

この式から，気体の体積は，セ氏温度 $t$ [℃]に273を加えた数値(273+$t$)に比例することがわかる。

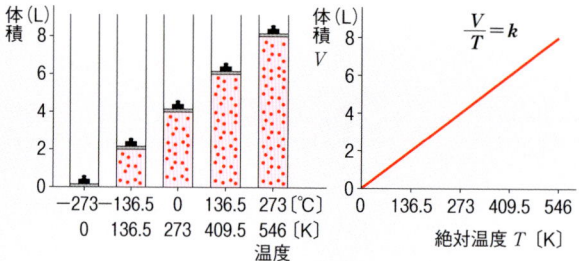

図2-5　気体の体積と温度との関係(圧力一定)

### 2 絶対温度

温度が低くなると，気体は液体，さらに固体となるが，つねに気体のまま存在する気体(**理想気体**)を仮定すると，①式において，-273℃では，体積が0になる。

容器に入った気体を考えると，気体分子が熱運動して内壁に衝突する衝撃が圧力であるが，気体の体積が0になるということは，分子が内壁に衝突しなくなり，分子の熱運動が停止したことを示している。このことから，このときの温度-273℃が温度の最低であると考え，**絶対零度**という。

絶対零度を原点とした温度目盛りが**絶対温度 K**である。

セ氏温度 $t$ [℃]と絶対温度 $T$ [K]の間には，次の関係がある。

$$T \text{[K]} = t \text{[℃]} + 273$$

 1. 理想気体は，シャルルの法則に完全にあてはまる仮想の気体で，分子間力がなく，分子自身の体積がないが，質量はある。
2. 絶対温度はイギリスの物理学者ケルビンによって1850年頃に提案された。単位のK(ケルビン)は彼の名による。

## この章で学んだこと

　まず，拡散の現象と粒子の運動の関係から，粒子の熱運動を理解した。固体・液体・気体の物質の三態を粒子の熱運動から理解し，さらに，融解熱・蒸発熱を学習して物質の三態の変化と熱エネルギーの関係へと発展させた。

### 1 熱運動
**1 拡散**　仕切りの両側の2つの容器に2種類の気体をそれぞれとり，仕切りを除くと，2種類の気体が2つの容器全体に均一に広がり混合する現象。
➡液体の場合も拡散が見られる。
**2 熱運動**　物質を構成している粒子(分子やイオン)が，その温度に応じて行っている運動。たえず不規則な直線運動をしている。
➡拡散は熱運動によって起こる。

### 2 物質の三態と状態変化
**1 物質の三態**　固体・液体・気体の3つの状態。
**(a) 固体**　粒子がたがいに近接し，一定の位置で振動(熱運動)している状態。
➡一定の形状をとる。
➡粒子が規則正しく配列された固体が結晶である。
**(b) 液体**　粒子がたがいに近接し，位置を変え，流動性をもつ。
➡一定の形状をもたないが，大きさをもつ。
**(c) 気体**　粒子がたがいに大きく離れて自由に高速で運動している。
➡一定の形状も大きさももたない。
➡容器に入れておかないと，拡散する。
**2 融解熱と蒸発熱**
**(a) 融解熱**　1気圧のもとで，固体が融点で融解して液体になるときに吸収する熱量。

➡凝固点(融点)で液体が固体になるとき放出する熱量が**凝固熱**である。
**(b) 蒸発熱**　沸点で液体が蒸発して気体になるときに吸収する熱量。
➡凝縮点(沸点)で気体が液体になるとき放出する熱量が**凝縮熱**である。
**(c) 昇華熱**　固体から気体へ，または気体から固体へ変化するとき，吸収または放出する熱量。

### 3 状態変化と熱エネルギー
**(a) 状態変化**　一定圧力のもとで，固体(結晶)を加熱すると，固体から液体，液体から気体に変化する。
➡1気圧のもとで，固体(結晶)が液体に変化する温度が融点，液体が気体に変化する温度が沸点である。
**(b) 融点・沸点の状態**　融点では固体と液体が共存し，温度が一定に保たれる。沸点では，液体と気体が共存し，温度が一定に保たれる。
**(c) 熱エネルギー**　固体から液体，液体から気体になるときに熱エネルギー(融解熱・蒸発熱)を吸収する。
**(d) 熱運動と温度**　粒子の熱運動は温度が高いほど激しい。熱運動が停止したときの温度である絶対零度を原点とした温度が**絶対温度(K)**。

$$T[K] = t[℃] + 273$$

# 確認テスト2

解答・解説は p.185

**1** 下図は，一定量の結晶を1気圧($1.01×10^5$ Pa)のもとで加熱したときの図である。

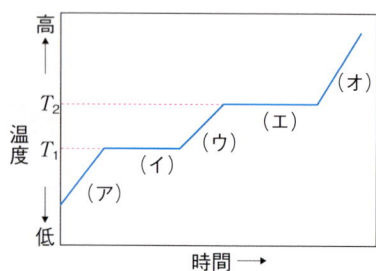

(1) $T_1$，$T_2$の温度は何とよばれるか。
(2) 次の①，②は，図中の(ア)〜(オ)のどれに該当するか。
　①気体　②固体

**ヒント**
粒子(分子・原子・イオン)のもつエネルギーは，
固体＜液体＜気体
である。

**2** 次の①〜⑥は，固体(結晶)・液体・気体のうちのどの状態に当てはまるか。
①分子が高速度で運動している。
②分子が規則正しく配列している。
③形はないが，大きさはある。
④最も低いエネルギー状態である。
⑤密度が最も小さい。
⑥分子がたがいに接していて入れ替わる。

固体を加熱すると分子などの粒子の熱運動が激しくなって，液体，さらに気体となる。

**3** 次の記述について，誤っているものを2つ選べ。
①同じ物質では，融点と凝固点が等しい。
②実在の気体は，絶対零度では気体の状態ではない。
③一般に融解熱は蒸発熱より大きい。
④セ氏温度でも絶対温度でも温度の差は等しい。
⑤-200℃も-300℃も存在する。
⑥絶対温度には0K以下の温度はない。

絶対零度は，熱運動が停止する温度である。
　絶対温度 $T$〔K〕
　$= t$〔℃〕$+273$

# 第3章

# 物質の構成粒子

> この章で学習するポイント

□ 原子について
　□ 原子とその構造
　□ 原子の電子配置

□ イオンについて
　□ イオンの生成
　□ イオンの電子配置

□ 元素の周期表について
　□ 元素の並べ方と分類
　□ 周期表と元素の性質との関係

# 1 原子とその構造

## 1 原子と大きさ

### Ⓐ 原子

物質を構成する基本的な粒子が原子である。各元素に応じた原子があり、**原子の種類が元素**であるともいえる。また、**元素記号**は原子をも示し、**原子記号**ともいう。例えば、H、O の元素記号は、水素原子、酸素原子を示す。

### Ⓑ 原子の大きさ

原子は非常に小さい粒子で、その半径は $10^{-8}$ cm ぐらい。原子 1 個の質量は $10^{-24} \sim 10^{-22}$ g である。

> 例　原子の半径：最も小さい水素原子は $6.0 \times 10^{-9}$ cm、
> 　　　　　　　　最も大きいセシウム原子は $2.7 \times 10^{-8}$ cm。

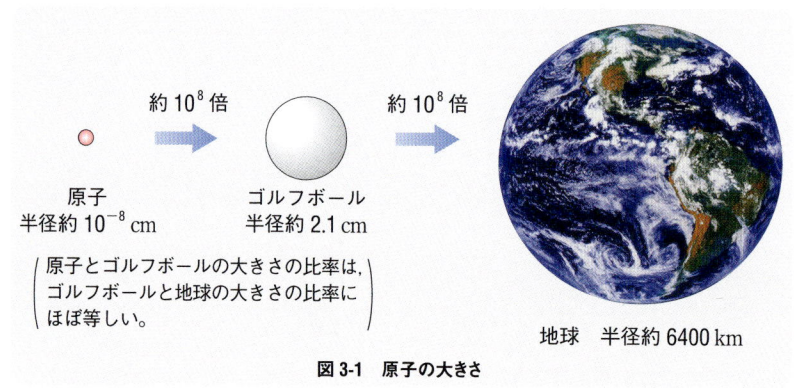

図 3-1　原子の大きさ

> 例　原子の質量：最も軽い水素原子は $1.7 \times 10^{-24}$ g、最も重いウラン原子は $4.0 \times 10^{-22}$ g。

補足
1. すべての物質は原子からできている。原子は非常に小さく、顕微鏡でも見えないが、X 線や電子線などを用いて原子の存在を確かめることができる。
2. 原子を atom という。ギリシャ語で a は打ち消しの接頭語、tom は分割の意味で、分割できない粒子を意味する。なお、古代ギリシャの哲学者デモクリトスが atom と呼んだのが始まりである。

## 2 原子の構造

原子は，中心に正に帯電している**原子核**があり，そのまわりを負に帯電している**電子**(エレクトロン)がまわっている。原子核は，正に帯電している**陽子**(プロトン)と帯電していない**中性子**(ニュートロン)からできている。

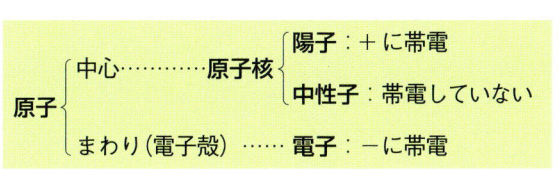

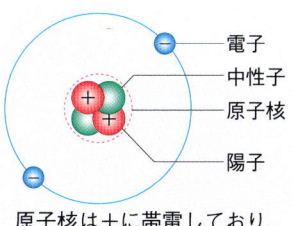

原子核は＋に帯電しており，そのまわりを－に帯電している電子がまわっている。

**図 3-2 ヘリウム原子の構造**

### A 原子番号

陽子は正に，電子は負に帯電しているが，これらの電気量の絶対値は互いに等しい。また，原子中の陽子の数と電子の数は等しく，原子全体としては帯電していない。そして，**原子(原子核)中の陽子の数を原子番号**という。原子番号は元素の種類によって決まる。

表3-1 原子番号と陽子・電子の数

|  | H | He | C | Na | Fe | Au | U |
|---|---|---|---|---|---|---|---|
| 原子番号 | 1 | 2 | 6 | 11 | 26 | 79 | 92 |
| 陽子の数 | 1 | 2 | 6 | 11 | 26 | 79 | 92 |
| 電子の数 | 1 | 2 | 6 | 11 | 26 | 79 | 92 |

原子番号を元素記号とともに示すときは，一般に，元素記号の左下に示す。

### B 質量数

陽子と中性子の質量はほぼ等しいが，電子の質量はこれらの約1840分の1で，きわめて小さい。したがって，原子の質量は，原子核の質量にほぼ等しく，原子核中の陽子の数と中性子の数によって決まる。ここで，**陽子の数と中性子の数の和を質量数**という。

（補足）原子の種類である元素は，原子番号によって決まり，原子の質量は，質量数によって決まる。

**例** 表3-2 原子番号と質量数

|  | 原子番号 | 陽子の数 | 中性子の数 | 質量数 | 記号 |
|---|---|---|---|---|---|
| フッ素 F | 9 | 9 | 10 | 19 | $^{19}_{9}\text{F}$ |
| ナトリウム Na | 11 | 11 | 12 | 23 | $^{23}_{11}\text{Na}$ |
| マンガン Mn | 25 | 25 | 30 | 55 | $^{55}_{25}\text{Mn}$ |

質量数 ⟶ $^{12}_{6}\text{C}$ ⟵ 元素記号
原子番号 ⟶

原子番号と質量数の表し方

表3-3 陽子・中性子・電子の比較

|  | 電荷 | 質量 | 相対質量(p.101) | 記号 |
|---|---|---|---|---|
| 陽子 | 正電荷 | $1.673 \times 10^{-24}$ g | 1.007275 | p または $^{1}_{1}\text{H}^{+}$ |
| 中性子 | 電荷なし | $1.675 \times 10^{-24}$ g | 1.008669 | n または $^{1}_{0}\text{n}$ |
| 電子 | 負電荷 | $9.109 \times 10^{-28}$ g | 0.0005486 | $\text{e}^{-}$ |

### 例題2　原子番号，質量と各粒子の数

質量数 59 のコバルト原子について，次の(a)～(c)の数はどれだけか。ただし，コバルトの原子番号は 27 である。

(a) 陽子　　(b) 電子　　(c) 中性子

**解答**

(a)(b) 陽子の数と電子の数は，原子番号に等しい。したがって，陽子の数と電子の数は **27** …答

(c) 「陽子の数＋中性子の数＝質量数」から，中性子の数は
59－27＝**32** …答

---

**POINT**

陽子の数 ＝ 電子の数 ＝ 原子番号
陽子の数 ＋ 中性子の数 ＝ 質量数

原子番号がわかれば，元素が決まり，陽子と電子の数がわかる。さらに質量数がわかれば，中性子の数もわかる。

## 3 同位体（アイソトープ）

　原子番号が同じであれば，陽子の数も電子の数も同じである。また，中性子の数が違っても原子番号が同じであれば，質量数は異なるが，同じ元素である。このような，**原子番号が同じ（同じ元素）で質量数が異なる原子を，たがいに同位体**であるという。

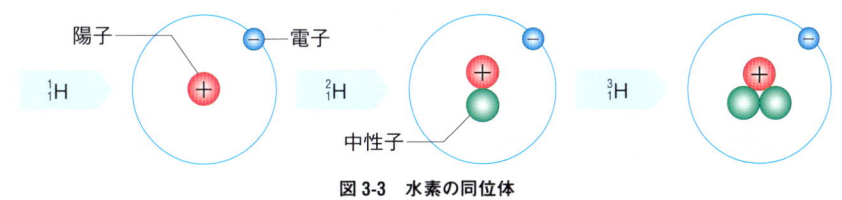

図3-3　水素の同位体

（補足）$^2_1H$を**重水素**といいD，$^3_1H$を**三重水素**といいTで表すことがある。

### Ⓐ同位体の性質

　同位体は，質量数がたがいに異なるから，その質量はたがいに異なるが，反応性などの化学的性質は同じである。

### Ⓑ同位体の存在比

　天然に存在する同位体の割合は，多くの元素では決まっていて，同じ元素であれば，どんな単体，化合物でもその存在比は一定である。
　天然の炭素には質量数12と13の同位体が含まれているが，われわれの身体をつくっている炭素でも石油の成分の炭素でも石炭の炭素でも，質量数12の炭素は98.93%，質量数13の炭素は1.07%で，存在比は一定となっている。

表3-4　水素の同位体の存在比

| 原子番号 | 陽子数 | 中性子数 | 質量数 | 記号 | 存在比(%) |
|---|---|---|---|---|---|
| 1 | 1 | 0 | 1 | $^1_1H$ | 99.985 |
| 1 | 1 | 1 | 2 | $^2_1H$ | 0.015 |
| 1 | 1 | 2 | 3 | $^3_1H$ | $10^{-7}$ |

表3-5 おもな元素の同位体

| 原子番号 | 元素 | 質量数 | 存在比(％) |
|---|---|---|---|
| 2 | He | 3 | $1.3 \times 10^{-4}$ |
|   |    | 4 | 99.999 |
| 6 | C  | 12 | 98.93 |
|   |    | 13 | 1.07 |
| 7 | N  | 14 | 99.635 |
|   |    | 15 | 0.365 |
| 8 | O  | 16 | 99.757 |
|   |    | 17 | 0.038 |
|   |    | 18 | 0.205 |

| 原子番号 | 元素 | 質量数 | 存在比(％) |
|---|---|---|---|
| 17 | Cl | 35 | 75.77 |
|    |    | 37 | 24.23 |
| 26 | Fe | 54 | 5.84 |
|    |    | 56 | 91.72 |
|    |    | 57 | 2.16 |
|    |    | 58 | 0.28 |
| 29 | Cu | 63 | 69.17 |
|    |    | 65 | 30.83 |

**POINT**

同位体 ⇨ {原子番号／陽子の数／元素} が同じで {質量数／中性子の数／質量} が異なる原子

「原子番号＝陽子の数」で，元素は原子番号によって決まる。

「質量数＝陽子の数＋中性子の数」から，質量数が異なれば，中性子の数が異なる。なお，同位体の化学的性質はたがいに等しい。

### コラム 放射性同位体

同位体の中には，原子核が不安定で，放射線を出して原子核が変化するものがある。このような同位体を**放射性同位体**という。

(補足) 放射線には，ヘリウムの原子核を粒子とする$\alpha$線，電子の流れである$\beta$線，電磁波の$\gamma$線などがある。

放射性同位体は，医療に使用したり，放射線を追跡して化学反応のしくみを調べたり，また，次のように年代の測定に利用したりする。

**年代の測定**：大気中の$CO_2$には放射性同位体である$^{14}C$がごく微量含まれ，植物は光合成などによってこれを取り込む。枯れると植物に残っている$^{14}C$の量は時間とともに減少していき，約5730年かけて初めの量の半分になる(半減期)。したがって，遺跡の木片などに含まれている$^{14}C$の割合を調べることによって，年代を推定することができる。

## 2 原子の電子配置

### 1 原子の電子配置

原子は，**図 3-4** のように，原子核のまわりを電子がまわっているような構造となっている。

#### A 電子殻

電子は原子核のまわりを自由に運動しているのではなく，それぞれ決まった空間を，いくつかの層に分かれて運動している。これらの層を電子殻といい，原子核に近い内側の電子殻から，次のようによぶ。

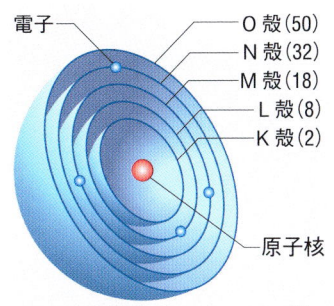

　　K殻，L殻，M殻，N殻，……

原子核の「核」は中心，電子殻の「殻」は殻の意味。

**図 3-4** 電子殻と電子数

#### B 電子配置

各電子殻に入りうる電子の数は，下の表のように決まっている。そして，**電子は原則として内側の電子殻から順に配置される**。

| 電子殻 | K | L | M | N | O | P |
|---|---|---|---|---|---|---|
| 最大電子数 | 2 | 8 | 18 | 32 | 50 | 72 |
| ($2n^2$) | ($2 \times 1^2$) | ($2 \times 2^2$) | ($2 \times 3^2$) | ($2 \times 4^2$) | ($2 \times 5^2$) | ($2 \times 6^2$) |

> **POINT** 　電子殻に入りうる最大電子数は $2n^2$
>
> K殻は $2(2 \times 1^2)$，L殻は $8(2 \times 2^2)$，M殻は $18(2 \times 3^2)$，N殻は $32(2 \times 4^2)$，O殻は $50(2 \times 5^2)$，……のように最大電子数は，$2n^2$ で表せる。
>
> (補足) 殻の名称はKから始まるアルファベット ⇒ K, L, M, N, O……

水素Hは，原子番号1で電子が1個だから，一番内側のK殻に電子1個が入る。Heは原子番号2で電子が2個だから，K殻に2個入る。Liは原子番号3で電子が3個であるが，K殻には2個しか入れないから，K殻に2個，L殻に1個が入る。このように原子番号18までの電子配置は下の**表3-6**のようになる。

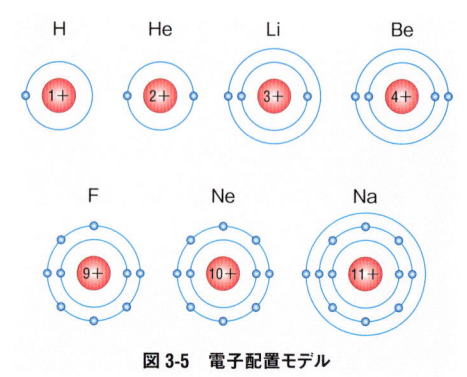

**図3-5　電子配置モデル**

（補足）原子番号1から18までの原子の電子配置は，内側の電子殻から順に電子が配置されている。

表3-6　原子番号1〜18の電子配置

| 元素 | | H | He | Li | Be | B | C | N | O | F | Ne | Na | Mg | Al | Si | P | S | Cl | Ar |
|---|---|---|---|---|---|---|---|---|---|---|---|---|---|---|---|---|---|---|---|
| 原子番号 | | 1 | 2 | 3 | 4 | 5 | 6 | 7 | 8 | 9 | 10 | 11 | 12 | 13 | 14 | 15 | 16 | 17 | 18 |
| 電子殻 | K | 1 | 2 | 2 | 2 | 2 | 2 | 2 | 2 | 2 | 2 | 2 | 2 | 2 | 2 | 2 | 2 | 2 | 2 |
| | L | | | 1 | 2 | 3 | 4 | 5 | 6 | 7 | 8 | 8 | 8 | 8 | 8 | 8 | 8 | 8 | 8 |
| | M | | | | | | | | | | | 1 | 2 | 3 | 4 | 5 | 6 | 7 | 8 |

## ⓒ 価電子

　ナトリウムの原子番号は11で，ナトリウム原子の電子は11個である。その配置は，K殻に2個，L殻に8個，M殻に1個となっている。このときの最外殻であるM殻の電子は，他の電子に比べて不安定で，他の原子と作用しやすい。原子の性質は，この最外殻の電子によることが多く，このような最外殻の電子のことを**価電子**という。

　原子がイオンになったり，原子どうしが結合したりするのは価電子のはたらきによる。

（補足）原子の化学的性質は，価電子の数によって決まる。したがって，**表3-6**より，価電子がともに1個で等しいLiとNaは，性質が類似していてたがいに同族元素という。

## 2 希ガスの電子配置

ヘリウム He，ネオン Ne，アルゴン Ar，クリプトン Kr，キセノン Xe，ラドン Rn は，**希ガス**とよばれ，化合力がほとんどなく，また，1つの原子が分子（**単原子分子**）として存在する安定な原子である。これは**表 3-7** のような安定な電子配置による。

➕プラスα
単原子分子は希ガスしかない。

表 3-7 希ガスの電子配置

| 原　子 | | 原子番号 | K | L | M | N | O | P |
|---|---|---|---|---|---|---|---|---|
| ヘリウム | He | 2 | 2 | | | | | |
| ネオン | Ne | 10 | 2 | 8 | | | | |
| アルゴン | Ar | 18 | 2 | 8 | 8 | | | |
| クリプトン | Kr | 36 | 2 | 8 | 18 | 8 | | |
| キセノン | Xe | 54 | 2 | 8 | 18 | 18 | 8 | |
| ラドン | Rn | 86 | 2 | 8 | 18 | 32 | 18 | 8 |

※　は最外殻の電子数

(補足) 希ガスは，ほとんど反応しないことから**不活性ガス**ともいう。

(補足) 希ガスは全く化合しないわけではなく，最近ではキセノンとフッ素などの化合物がつくられている。

He と Ne は各殻に最大数の電子が配置され，他の原子は最外殻の電子が 8 個になっている。これらの電子配置は安定していて，**閉殻**という。

また，他の原子と結合しにくいので，**価電子は 0 とみなす**。

# 3 イオンとその電子配置

## 1 イオン

塩化ナトリウムの水溶液や加熱融解した塩化ナトリウムの液体は電気を通す。これは塩化ナトリウムが電荷を帯びた粒子からできているからで，この**電荷を帯びた粒子**を**イオン**といい，**正に帯電したイオン**を**陽イオン**，**負に帯電したイオン**を**陰イオン**という。

> 陽イオン ⇨ 正電荷を帯びた原子，または原子団
> 陰イオン ⇨ 負電荷を帯びた原子，または原子団

## 2 イオンの形成

原子は安定な状態になろうとして，結合したり，反応したりする。安定な状態とは閉殻の状態で，典型元素（**p.46**）では，希ガスと同じ電子配置の状態になる。

### Ⓐ 陽イオン

ナトリウム原子 Na の電子配置を考えると，原子番号は11であるから，右の表のように電子は11個で，K 殻に2個，L 殻に8個，M 殻に1個が配置され，価電子は1個である。ナ

|  | K | L | M |
|---|---|---|---|
| Na | 2 | 8 | 1 |
| Ne | 2 | 8 |  |
| $Na^+$ | 2 | 8 |  |

トリウム原子が価電子1個を放出すると，安定な電子配置のネオン Ne と同じ電子配置となる。この結果，陽子（＋）が11個，電子（－）が10個となり，正に帯電する。これがナトリウムイオン $Na^+$ で，正に帯電しているから**陽イオン**である。

|  |  | Na | ⟶ | $Na^+$ | ＋ | $e^-$ |
|---|---|---|---|---|---|---|
| 陽子（＋） | ⇨ | 11 |  | 11 |  |  |
| 電子（－） | ⇨ | 11 |  | 10 |  | 1 |

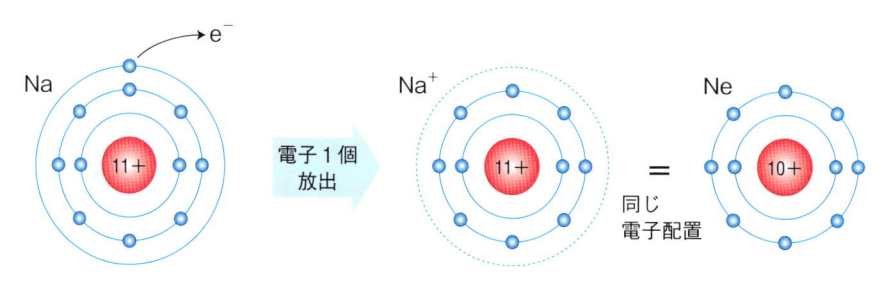

### ⓑ陰イオン

塩素原子 Cl の電子配置を考えると、原子番号は 17 であるから、右の表のように電子は 17 個で、K 殻に 2 個、L 殻に 8 個、M 殻に 7 個配置され、価電子は 7 個である。塩素原子は M 殻に電子を 1 個受け入れると、安定な電子配置であるアルゴン Ar と同じ電子配置となる。この結果、陽子(+)が 17 個、電子(−)が 18 個となり、負に帯電することになる。これが塩化物イオン $Cl^-$ であり、負に帯電していることから**陰イオン**である。

|  | K | L | M |
|---|---|---|---|
| Cl | 2 | 8 | 7 |
| Ar | 2 | 8 | 8 |
| $Cl^-$ | 2 | 8 | 8 |

$$Cl + e^- \longrightarrow Cl^-$$

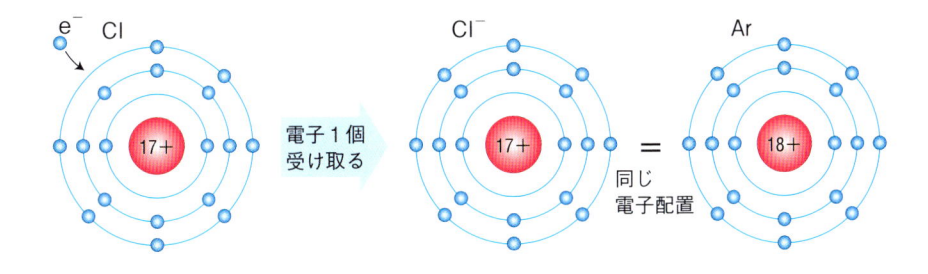

| | | Cl | $e^-$ | $Cl^-$ |
|---|---|---|---|---|
| 陽子(+) | ⇨ | 17 |   | 17 |
| 電子(−) | ⇨ | 17 | 1 | 18 |

**POINT**

- 陽イオン ⇨ 原子から価電子を放出した状態の粒子
- 陰イオン ⇨ 原子に電子を受け入れた状態の粒子

化合物 A・B において、A 原子の価電子が B 原子に移動
　　　　　　　　　⇨ A が陽イオン、B が陰イオン

第 3 章　物質の構成粒子

## 3 イオンの電子配置

2のイオンの形成からわかるように、安定なイオンの電子配置は希ガス原子と同じ電子配置となることが多い。

一般に典型元素(p.46)の原子は、安定な希ガス原子と同じ電子配置になろうとしてイオンになる。

例 $O^{2-}$, $F^-$, $Na^+$, $Mg^{2+}$, $Al^{3+}$ は Ne  
　　$S^{2-}$, $Cl^-$, $K^+$, $Ca^{2+}$ は Ar ｝と同じ電子配置

補足 遷移元素(p.46)の原子のイオンは、希ガス原子と同じ電子配置ではないが、安定な閉殻の状態の電子配置となる。

> **POINT** 典型元素のイオンの電子配置 ＝ 希ガス原子の電子配置
> 
> 典型元素の原子が安定なイオンになったときは、希ガス原子と同じ電子配置となっている。

## 4 イオンの価数

価電子が1個の Na は $Na^+$、価電子が2個の Mg や Ca は $Mg^{2+}$、$Ca^{2+}$ となり、それぞれ**1価、2価の陽イオン**という。また、価電子が7個の Cl は $Cl^-$、価電子が6個の S は $S^{2-}$ となり、それぞれ**1価、2価の陰イオン**という。この1価、2価のような**電子の授受の数を**イオンの価数という。

表3-8 イオンの例

| 価数 | 陽イオン | | 陰イオン | |
|---|---|---|---|---|
| 1価 | 水素イオン | $H^+$ | 塩化物イオン | $Cl^-$ |
| | ナトリウムイオン | $Na^+$ | 水酸化物イオン | $OH^-$ |
| | 銀イオン | $Ag^+$ | 硝酸イオン | $NO_3^-$ |
| 2価 | カルシウムイオン | $Ca^{2+}$ | 硫化物イオン | $S^{2-}$ |
| | マグネシウムイオン | $Mg^{2+}$ | 硫酸イオン | $SO_4^{2-}$ |
| 3価 | アルミニウムイオン | $Al^{3+}$ | リン酸イオン | $PO_4^{3-}$ |

## 5 イオンの電子数

次の例のように価電子が1個，2個，3個の原子は，その価電子を放出して1価，2価，3価の陽イオンとなる。

**例** 価電子1個：$Na \longrightarrow Na^+ + e^-$
　　　　2個：$Mg \longrightarrow Mg^{2+} + 2e^-$
　　　　3個：$Al \longrightarrow Al^{3+} + 3e^-$

また，次の例のように価電子が7個，6個の原子は，電子をそれぞれ1個，2個受け入れて1価，2価の陰イオンとなる。

**例** 価電子7個：$Cl + e^- \longrightarrow Cl^-$
　　　　6個：$S + 2e^- \longrightarrow S^{2-}$

陽イオンや陰イオンの1価，2価などが価数であるから，イオンの電子数は，次のように表される。

陽イオンの電子数 = 原子番号 − 価数

**例** $Mg \longrightarrow Mg^{2+} + 2e^-$
電子数 ⇨ 12　　　10

陰イオンの電子数 = 原子番号 + 価数

**例** $S + 2e^- \longrightarrow S^{2-}$
電子数 ⇨ 16　　　　18

### 例題3　イオンの電子数

2価のマンガンイオン $Mn^{2+}$ は23個の電子をもっている。質量数55のマンガン原子の中性子の数はいくつか。

**解答**

マンガン原子Mnの電子数は　$23 + 2 = 25$

原子では「**電子の数＝陽子の数**」，また「**陽子の数＋中性子の数＝質量数**」の関係から，中性子の数は　$55 - 25 = $ **30**　……答

---

**POINT**　イオンの電子数 ＝ 原子番号 ± 価数

陽イオンは価数だけ電子が減少し，陰イオンは価数だけ電子が増加している。

# 6 イオン化エネルギーと電子親和力

陽イオンへのなりやすさ，陰イオンへのなりやすさを数量的に表すものとして，**イオン化エネルギーと電子親和力**がある。

### Ⓐ イオン化エネルギー

原子から，電子1個を取り去って1価の陽イオンにするのに要するエネルギーを**イオン化エネルギー**という。

したがって，**イオン化エネルギーが小さい原子ほど陽イオンになりやすい**。イオン化エネルギーは，図のように原子番号が増すにつれて周期的に変化する。

（補足）厳密には，**第1イオン化エネルギー**という。2個目，3個目の電子を取り去るのに要するエネルギーを，それぞれ第2，第3イオン化エネルギーという（**p.44**）。

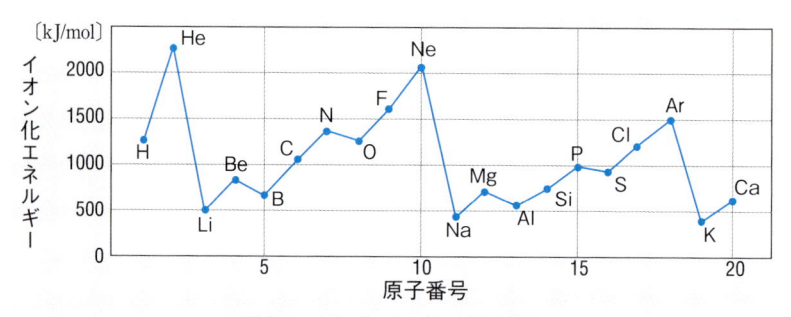

**図3-6　イオン化エネルギーと原子番号**

### Ⓑ 電子親和力

原子から電子を取り去るのに要するエネルギーがイオン化エネルギーであるのに対して，電子1個を取り入れるときに放出するエネルギーが**電子親和力**である。電子親和力は，原子の最外殻に電子を1個を取り入れて1価の陰イオンとなるとき放出するエネルギーであり，ふつう1 molの原子についてkJ単位で表す。したがって，**電子親和力が大きい原子ほど陰イオンになりやすい**。

> **POINT**
> 
> イオン化エネルギーが小さい　⇨　陽イオンになりやすい
> 電子親和力が大きい　　　　　⇨　陰イオンになりやすい
> 
> イオン化エネルギーは，原子から電子を取り去るのに要するエネルギー。
> 電子親和力は，原子が電子を取り入れるときに放出するエネルギー。

(補足) **イオン化エネルギー**は，電子1個を取り去るのに要するエネルギーであり，加える熱量(**吸収するエネルギー**)である。**電子親和力**は，電子1個を取り入れたときに**放出するエネルギー**であり，発生する熱量である。

(例) Na のイオン化エネルギーは 496 kJ/mol ⇨ Na = Na$^+$ + e$^-$ − 496 kJ
Cl の電子親和力は 356 kJ/mol ⇨ Cl + e$^-$ = Cl$^-$ + 356 kJ

## ＋プラスα　イオン化エネルギー・電子親和力と元素の周期表の関係

1. **イオン化エネルギーは，周期表の左側・下側の元素ほど小さい。**

　イオン化エネルギーが最も小さく，最も陽イオンになりやすいのは，1族で原子番号の大きい原子であり，イオン化エネルギーが最も大きく，最もイオンになりにくいのは，18族で原子番号の小さい He である。

2. **電子親和力は，周期表の右側(18族を除く)の元素ほど大きい。**

　電子親和力が最も大きく，最も陰イオンになりやすいのは，17族である。

| | | | | | | | |
|---|---|---|---|---|---|---|---|
| H | | | | | | 17族 | He |
| Li | Be | B | C | N | O | F | Ne |
| Na | Mg | Al | Si | P | S | Cl | Ar |
| K | Ca | Ga | Ge | As | Se | Br | Kr |
| Rb | Sr | In | Sn | Sb | Te | I | Xe |
| Cs | Ba | Tl | Pb | Bi | Po | At | Rn |

イオン化エネルギー：小 ← → 大
電子親和力：小 ← → 大
イオン化エネルギー：大 ↑ ↓ 小

> **発展** イオン化エネルギーと周期表・価電子の関係

### 1 イオン化エネルギーと元素の周期表との関係

イオン化エネルギーは，一般に周期表の左側・下側の元素ほど小さく，右側・上側の元素ほど大きい。この傾向は次のように説明される。

同族の原子では，最外殻の電子数が等しく，原子番号が大きいほど原子が大きくなり，原子核と最外殻にある電子の距離が大きくなるため，電子が離れやすい。よって，イオン化エネルギーが小さくなる。

同周期の原子では，原子番号が増すにつれて，電子が離れにくく，イオン化エネルギーが大きくなることは次のように説明される。
① 最外殻が同じであり，右にいくほど陽子が増え，正の電荷が多くなる。
② ある1つの電子に対する原子核の正の電荷のはたらきを考えると，その電子より内側の電子殻にある電子は原子核の正電荷をよく遮断するが，同じ電子殻の電子はあまり遮断しないので，原子番号が増して陽子が増すほど原子核の力が強くはたらく。

### 2 イオン化エネルギーと価電子の関係

一般にイオン化エネルギーは，原子から電子1個を取り去って1価の陽イオンにするのに必要なエネルギーである第1イオン化エネルギーを指すことが多い。1価の陽イオンからさらにもう1つ電子を取り去るのに必要なエネルギーを第2イオン化エネルギー，2価の陽イオンからさらにもう1つ電子を取り去るのに必要なエネルギーを第3イオン化エネルギー，……という。

次の表から，イオン化エネルギーは，第1，第2，…の順に大きくなること，特に価電子と次の電子との差が大きく，価電子が離れやすいことが示されている。

表3-9　第2周期の元素のイオン化エネルギー〔kJ/mol〕

| 原子番号 | 3 | 4 | 5 | 6 | 7 | 8 | 9 | 10 |
|---|---|---|---|---|---|---|---|---|
| 元素 | Li | Be | B | C | N | O | F | Ne |
| 第1 | 519 | 900 | 800 | 1090 | 1400 | 1310 | 1680 | 2080 |
| 第2 | 7300 | 1680 | 2420 | 2350 | 2860 | 3390 | 3380 | 3950 |
| 第3 | 11800 | 14800 | 3660 | 4610 | 4590 | 5320 | 6050 | 6120 |
| 第4 | | 21000 | 25000 | 6220 | 7470 | 7460 | 8410 | 9350 |
| 第5 | | | 32800 | 37800 | 9440 | 10970 | 11000 | 12200 |
| 第6 | | | | 46900 | 53100 | 13300 | 15100 | 15100 |
| 第7 | | | | | 64000 | 71100 | 17900 | 18700 |
| 第8 | | | | | | 83700 | 91600 | 23000 |
| 第9 | | | | | | | 106000 | 114600 |
| 第10 | | | | | | | | 129700 |

# 4 元素の周期表

## 1 元素の周期律と周期表

### Ⓐ 元素の周期律

元素を原子番号順に並べると，性質のよく似た元素が周期的に現れる。また，イオン化エネルギーや電子親和力，原子半径，単体の沸点・融点などにも周期性がみられる。このような周期性を**元素の周期律**という。

### Ⓑ 元素の周期表

縦の列：**族**といい，1族から18族まである。
横の行：**周期**といい，第1周期から第7周期まである。

> **コラム　メンデレーエフの周期表と未知元素の予言**
>
> ロシアの化学者メンデレーエフは，当時発見されていた約60種の元素について，原子量の順に並べると，性質のよく似た元素が周期的に現れるという元素の周期律を発見し，これをもとに，1869年に元素の周期表を発表した。
>
> この周期表は，周期律を基準に元素を分類したため，いくつかの空欄をもつ表となった。メンデレーエフは，この空欄には未知の元素が入るものと考え，その性質を予言した。その後，空欄の元素が発見され，彼の予言とよく一致し，メンデレーエフの周期表の声価を高めた。

## 2 電子配置と元素の周期表

元素を原子番号順に並べると，価電子の数の等しい元素が周期的に現れる。

表 3-10　元素と価電子の数

| 原子番号 | 1 | 2 | 3 | 4 | 5 | 6 | 7 | 8 | 9 | 10 | 11 | 12 | 13 | 14 | 15 | 16 | 17 | 18 |
|---|---|---|---|---|---|---|---|---|---|---|---|---|---|---|---|---|---|---|
| 元素 | H | He | Li | Be | B | C | N | O | F | Ne | Na | Mg | Al | Si | P | S | Cl | Ar |
| 価電子数 | 1 | 0 | 1 | 2 | 3 | 4 | 5 | 6 | 7 | 0 | 1 | 2 | 3 | 4 | 5 | 6 | 7 | 0 |

元素の多くの性質は，原子の電子配置，とくに価電子の数によって決まる。元素の周期律は，原子番号の増加にともなう価電子の数の周期性による。

> **POINT**
>
> **元素の周期律 ⇨ 価電子の数の周期性による**
>
> 元素の性質は，価電子の数と密接な関係があり，原子番号が増すにつれて，価電子の数が周期的に変化する。
>
> ---
>
> **原子番号1～20の覚え方（語呂合わせで覚えよう）**
>
> 覚え方　水　兵　リーベ　僕　の　船　なあに　間がある　シップ　すぐ　クラーク　か
> H, He, Li, Be, B, C, N, O, F, Ne, Na, Mg, Al, Si, P, S, Cl, Ar, K, Ca

表3-11　元素の周期表と電子配置

| 周期＼族 | 1 | 2 | 13 | 14 | 15 | 16 | 17 | 18 |
|---|---|---|---|---|---|---|---|---|
| 1 | H (1+) | | | | | | | He (2+) |
| 2 | Li (3+) | Be (4+) | B (5+) | C (6+) | N (7+) | O (8+) | F (9+) | Ne (10+) |
| 3 | Na (11+) | Mg (12+) | Al (13+) | Si (14+) | P (15+) | S (16+) | Cl (17+) | Ar (18+) |
| 価電子数 | 1 | 2 | 3 | 4 | 5 | 6 | 7 | 0 |

## 3 典型元素・遷移元素と電子配置

周期表の1族・2族，12族～18族の元素を**典型元素**，3族～11族の元素を**遷移元素**という（**p.49 図3-7**）。

同じ周期で，原子番号が増すにつれて価電子が1つずつ増加するのが典型元素であり，原子番号が増しても，内側の電子殻に電子が入り，価電子の数は変化しないのが遷移元素である。

> **＋プラスα**
>
> 典型元素と遷移元素の違いは電子配置による。

### Ⓐ 典型元素

典型元素では，族・周期について次のようなことがいえる。

#### ❶ 同族元素

同族の元素は，価電子数が等しく，たがいに性質が似ている。

同族の元素間では，原子番号が大きい元素(周期表の下)ほど，イオン化エネルギーが小さく陽イオンになりやすい。逆に，原子番号が小さい元素(周期表の上)ほど陰イオンになりやすい。

> **＋プラスα　元素の陽性と陰性**
>
> 一般に，陽イオンになりやすい元素を**陽性**(または金属性)が強いといい，陰イオンになりやすい元素を**陰性**(または非金属性)が強いという。
>
> (補足) 典型元素の同族では，18族を除いて，周期表の下の元素ほど陽性が強く，上の元素ほど陰性が強い。

#### ❷ 同周期の元素

同周期の元素では，原子番号が増すにつれて価電子が増加する。したがって周期表の左側の元素ほど陽イオンになりやすく(陽性が強く)，18族を除く右側の元素ほど陰イオンになりやすい(陰性が強い)。

> **＋プラスα**
>
> 典型元素の族の番号の下1桁の数が，価電子の数に等しい。
>
> (補足) 価電子の数：1族元素は1，14族元素は4，17族元素は7，ただし，18族元素は0

### Ⓑ 遷移元素

遷移元素では，同じ周期で原子番号が増加しても価電子の数は変化しないので，同族元素だけでなく，左右の元素の性質も似ている。

遷移元素は，価電子数が1～2で，すべて金属元素である。

## 4 金属元素と非金属元素

### Ⓐ 金属元素

単体に金属光沢があり，**電気をよく導くような元素を金属元素**といい，**陽イオンになりやすく**，陽性が強い。金属元素は，周期表の左側・下側に位置し，一般に左側・下側の元素ほど陽性が強い。

### ❸ 非金属元素

金属元素以外の元素が**非金属元素**で，一般に**陰イオン**になりやすく，陰性が強い。非金属元素は，周期表の右側・上側に位置し，一般に右側(18族を除く)・上側の元素ほど陰性が強い。なお，非金属元素はすべて典型元素である。

> **＋プラスα**
> 周期表の位置から，元素の価電子数，金属性・非金属性の強さなどがわかる。

補足 非金属元素のうち，希ガスはイオンにならず，水素は陽イオン $H^+$ になりやすい。

---

**POINT**

周期表の { 左側・下側の元素ほど ⇨ 陽性が強い
　　　　  右側(18族を除く)・上側の元素ほど ⇨ 陰性が強い

---

**＋プラスα　酸化物と酸性・塩基性の関係**

(1) 金属元素・非金属元素の酸化物と酸性・塩基性については p.152 参照。

(2) **第3周期の酸化物の性質**　下の表のように，酸化物が水と反応して生じる化合物は，**金属性が強いほど塩基性が強く，非金属性が強いほど酸性が強い**。

表3-12　第3周期の酸化物の性質

| 族番号 | 1 | 2 | 13 | 14 | 15 | 16 | 17 | 18 |
|---|---|---|---|---|---|---|---|---|
| 元素記号 | $_{11}Na$ | $_{12}Mg$ | $_{13}Al$ | $_{14}Si$ | $_{15}P$ | $_{16}S$ | $_{17}Cl$ | $_{18}Ar$ |
| 酸化物 | $Na_2O$ | $MgO$ | $Al_2O_3$ | $SiO_2$ | $P_4O_{10}$ | $SO_3$ | $Cl_2O_7$ | —— |
| 酸化物が水と反応して生じる物質 | NaOH 強塩基 | $Mg(OH)_2$ 弱塩基 | $Al(OH)_3$ 両性 | $H_2SiO_3$ 弱酸 | $H_3PO_4$ 弱酸 | $H_2SO_4$ 強酸 | $HClO_4$ 強酸 | —— |

補足 $Al_2O_3$，$Al(OH)_3$ は酸・塩基と中和し，**両性酸化物，両性水酸化物**という。

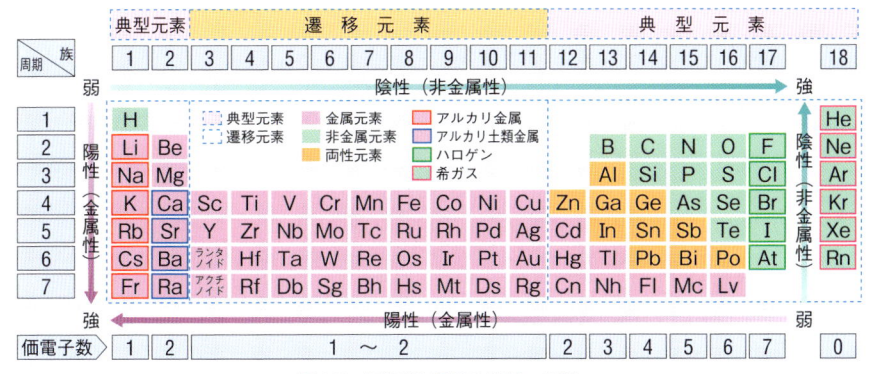

図3-7 周期表と元素の分類・性質

## 5 原子半径・イオン半径と周期表

### Ⓐ原子半径

❶ 原子半径は，同族元素では，原子番号が大きいほど大きい。
　➡原子半径は，周期表の下側の元素ほど大きい。

(補足) 同族元素では，原子番号が大きい原子ほど，価電子の電子殻が外側になる。

❷ 同周期の元素では，18族元素を除いて，原子番号が大きいほど小さくなる。
　➡原子半径は，18族元素を除いて，周期表の右側の元素ほど小さい。

(補足) 同周期の元素は，価電子の電子殻は同じであるが，原子番号が大きくなると，価電子と陽子が増加し，原子核と価電子との引力が強くなる。

### Ⓑイオン半径

同じ電子配置のイオンでは，原子番号が小さいほど大きい。

(例) Neと同じ電子配置：$_8O^{2-}$ > $_9F^-$ > $_{11}Na^+$ > $_{12}Mg^{2+}$ > $_{13}Al^{3+}$
　　 Arと同じ電子配置：$_{16}S^{2-}$ > $_{17}Cl^-$ > $_{19}K^+$ > $_{20}Ca^{2+}$

(補足) 原子番号が大きくなると，原子核の正の電荷が増加して，引力が強くなる。

> **POINT**
> 原子半径：周期表の下側・左側(18族を除く)の元素ほど大きい。
> イオン半径：同じ電子配置のイオンでは，原子番号が小さいほど大きい。

## 発展　1族・2族・17族の元素

### 1　1族元素

1族元素のうち，水素を除く Li, Na, K, Rb, Cs, Fr をアルカリ金属という。天然には化合物として存在し，単体としては存在しない。

表 3-13　アルカリ金属の電子配置・単体の性質・炎色反応

| 元　素 | 電子配置 | | | | | | 融点 (℃) | 沸点 (℃) | 密度 (g/cm³) | 炎色反応 |
|---|---|---|---|---|---|---|---|---|---|---|
| | K | L | M | N | O | P | | | | |
| リチウム　Li | 2 | 1 | | | | | 181 | 1347 | 0.53 | 赤 |
| ナトリウム　Na | 2 | 8 | 1 | | | | 98 | 883 | 0.97 | 黄 |
| カリウム　K | 2 | 8 | 8 | 1 | | | 64 | 774 | 0.86 | 赤紫 |
| ルビジウム　Rb | 2 | 8 | 18 | 8 | 1 | | 39 | 688 | 1.53 | 深赤 |
| セシウム　Cs | 2 | 8 | 18 | 18 | 8 | 1 | 28 | 678 | 1.87 | 青紫 |

**(1) 原子の性質**

価電子が1個で，1価の陽イオンになりやすい。　Na ⟶ Na⁺ + e⁻

**(2) 単体の性質**

1. 銀白色の固体で，やわらかく，表のように融点も低い。
2. 表のように，密度は小さく，とくに Li, Na, K は水より軽い。

補足　密度が 1 g/cm³ 以下の金属はこの3つしかない。

3. 単体は反応性に富み，還元性(自身が酸化し，相手を還元する性質)が強い。
　空気中では直ちに酸化。冷水とは激しく反応し，水素を発生して水酸化物となる。

　　　$4Na + O_2 \longrightarrow 2Na_2O$　　　$2Na + 2H_2O \longrightarrow 2NaOH + H_2$

補足　1　空気中では直ちに酸化して銀白色の光沢を失う。
　　　2　ナトリウム，カリウムなどの単体は石油中に保存する。

### 2　2族元素

2族元素のうち，Be, Mg を除く，Ca, Sr, Ba, Ra をアルカリ土類金属という。天然には化合物として存在し，単体としては存在しない。

表 3-14　2族元素の電子配置・単体の性質・炎色反応

| 元　素 | 電子配置 | | | | | | | 融点 (℃) | 沸点 (℃) | 密度 (g/cm³) | 炎色反応 |
|---|---|---|---|---|---|---|---|---|---|---|---|
| | K | L | M | N | O | P | Q | | | | |
| ベリリウム　Be | 2 | 2 | | | | | | 1282 | 2970 | 1.85 | — |
| マグネシウム　Mg | 2 | 8 | 2 | | | | | 649 | 1090 | 1.71 | — |
| カルシウム　Ca | 2 | 8 | 8 | 2 | | | | 839 | 1484 | 1.55 | 橙赤 |
| ストロンチウム　Sr | 2 | 8 | 18 | 8 | 2 | | | 769 | 1384 | 2.54 | 深赤 |
| バリウム　Ba | 2 | 8 | 18 | 18 | 8 | 2 | | 729 | 1637 | 3.59 | 黄緑 |
| ラジウム　Ra | 2 | 8 | 18 | 32 | 18 | 8 | 2 | 700 | 1140 | 5 | 紅 |

### (1) 原子の性質

価電子が2個で2価の陽イオンになりやすい。

$$Mg \longrightarrow Mg^{2+} + 2e^-  \qquad Ca \longrightarrow Ca^{2+} + 2e^-$$

### (2) 単体の性質

1. 銀白色の固体。密度はアルカリ金属についで小さく,融点はアルカリ金属より高い。
2. アルカリ土類金属は,アルカリ金属に似ているが,反応はそれほど激しくない。冷水と反応し,水素を発生して水酸化物となる。

$$Ca + 2H_2O \longrightarrow Ca(OH)_2 + H_2$$

3. マグネシウムを空気中で強熱すると,明るい光を発して燃える。

$$2Mg + O_2 \longrightarrow 2MgO$$

なお,Be,Mgは冷水とは反応せず,Mgは熱水と反応する。

## 3 17族元素

17族元素 F, Cl, Br, I, At をハロゲンまたはハロゲン元素という。天然には塩などの化合物として存在し,単体としては存在しない。

表3-15 ハロゲンの電子配置

| 元素 | 電子配置 | | | | |
|---|---|---|---|---|---|
| | K | L | M | N | O |
| フッ素 F | 2 | 7 | | | |
| 塩素 Cl | 2 | 8 | 7 | | |
| 臭素 Br | 2 | 8 | 18 | 7 | |
| ヨウ素 I | 2 | 8 | 18 | 18 | 7 |

### (1) 原子の性質

価電子が7個で,1価に陰イオンになりやすい。

$$F + e^- \longrightarrow F^- \qquad Cl + e^- \longrightarrow Cl^-$$

### (2) 単体の性質

単体はいずれも二原子分子からなり,次の表のように,性質が原子番号順に変化する。

表3-16 ハロゲン単体の性質

| 分子式<br>性質 | フッ素 $F_2$ | 塩素 $Cl_2$ | 臭素 $Br_2$ | ヨウ素 $I_2$ |
|---|---|---|---|---|
| 常温の状態 | 気体<br>淡黄色 | 気体<br>黄緑色 | 液体<br>赤褐色 | 固体<br>黒紫色 |
| 沸点(℃) | −188 | −34.6 | 58.8 | 184 |
| 融点(℃) | −220 | −101.0 | −7.2 | 114 |
| 反応性<br>(酸化性) | 大 ←――――――――――――――――――――→ 小 | | | |
| 水素との反応 | 低温・暗所でも,爆発的に反応する | 常温で光を当てると,爆発的に反応する | 高温にすると反応する | 高温で反応するが,逆反応も起こりやすい |
| 水との反応 | 激しく反応して,酸素を発生する | 水に少し溶け,その一部が水と反応 | 塩素より弱いが,似たような反応 | 水に溶けにくく,反応しにくい |

塩素 $Cl_2$ は,強い酸化性(相手を酸化する性質)をもち,漂白や殺菌に利用される。
臭素 $Br_2$ は,非金属元素の単体中常温で唯一の液体の物質である。
ヨウ素 $I_2$ は,昇華性の結晶で,デンプン水溶液に作用させると青紫色になる。
➡ヨウ素デンプン反応という。

**参考　ボーアの原子モデルとオービタルモデル**

## 教科書の原子モデルと電子雲モデル

**補足**　教科書やこの本の **p.36** などに記されている原子の電子配置モデルは,「ボーアの原子モデル」と呼ばれる。

### 1 ラザフォードの原子モデル

1911年,ラザフォードはα線が薄い金属箔を通過する際の散乱を調べた結果,原子が,原子の直径の約10万分の1の密な正に帯電した中心部(原子核に相当)をもつことを発見した。さらに,彼は,太陽のまわりを惑星がまわっているのと同様に,原子内の電子は原子核のまわりをまわっているという原子モデルを発表した。

**補足**
1. ラザフォード(1871〜1937):イギリスの物理学者,放射線やその作用などを研究,α線,β線などの命名者。
2. α線:放射線の1つで,ヘリウムの原子核の流れ。

### 2 ボーアの原子モデル

1913年,ボーアはラザフォードの原子モデルにプランクのエネルギーの量子化の概念を導入し,電子の挙動に関してさらに条件を加えた水素原子モデルを提案した。このモデルは次のような仮定からなっている。
(1) 電子は円形軌道を描いて原子核のまわりをまわっている。
(2) 円形軌道の半径は任意でなく,ある限られたいくつかの半径だけが許される。
(3) 電子が許された軌道を運動しているときは,エネルギーを放出しない。

電子がエネルギーを得たり(励起状態),放出したりするときは,1つの許された軌道から他の軌道へ移るときだけである。

このモデルをもとに,ボーアは軌道半径とエネルギーを計算し,水素原子のスペクトルの測定値を理論的に説明した。

このように,ボーアの原子モデルは,水素原子について,ラザフォードの実験に矛盾せずに水素原子のスペクトルのデータが説明でき,その他モーズリーの関係式も説明することができたが,次のような欠点があった。
① 2個以上の電子をもつ原子について説明できない。
② 原子が結合して分子になる事実の説明ができない。
③ この理論は,古典の力学や電磁気学の法則から導き出すことのできない量子仮定であるにもかかわらず,これらの理論の組合せからできている。

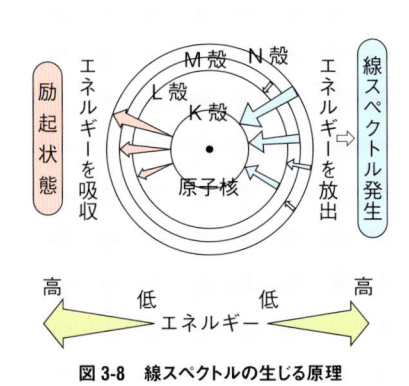

**図3-8　線スペクトルの生じる原理**

**補足** 1. ボーア(1885～1962)：デンマークの物理学者，ノーベル物理学賞を受賞。
2. モーズリーの関係式：原子番号 $z$ とスペクトルの振動数 $\nu$ との間の関係式。

## 3 新しい理論(量子論)

ボーアが，不十分ではあったが偉大な発見をした10年後，ハイゼンベルグやシュレーディンガーによって電子のような粒子に波動性を結びつけた波動力学または量子力学と呼ばれる理論が提出され，原子や分子の新しい取り扱いの道しるべとなった。

## 4 電子雲とオービタル

新しい理論では，電子は原子核のまわりを円軌道でまわっているとするのではなく，原子核のまわりの存在確率しか示さない。そしてその存在確率を濃淡で表すと，雲のようにみえるので電子雲モデルともいう。水素の電子雲の密度が最大となる半径はボーアの円軌道半径と等しく，ボーアモデルで軌道とよんでいたものを**軌道関数(電子軌道)**，すなわちオービタルとよぶ。

## 5 電子の軌道

原子中の電子はK殻，L殻，M殻，N殻…という電子殻に存在することを学んだが，これらは次のような軌道からなる。

K殻は1s軌道のみであるが，L殻は2s軌道と3つの2p軌道($2p_x$，$2p_y$，$2p_z$)，M殻は3s軌道と3つの3p軌道と5つの3d軌道からなり，N殻はさらに7つの4f軌道が加わる。

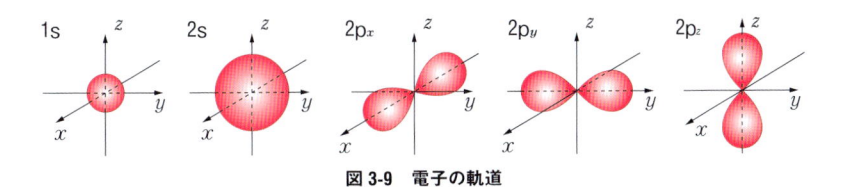

**図 3-9　電子の軌道**

各軌道には2個の電子が存在できる。電子配置の例は次の通りである。

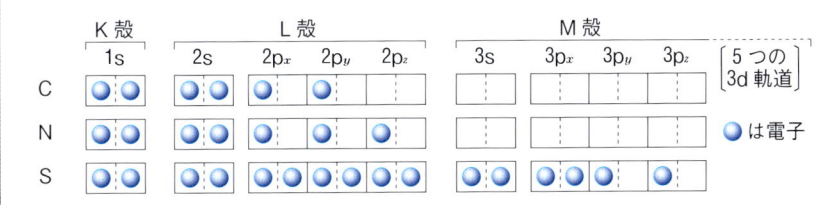

| | K殻 | L殻 | | | | M殻 | | | | |
|---|---|---|---|---|---|---|---|---|---|---|
| | 1s | 2s | $2p_x$ | $2p_y$ | $2p_z$ | 3s | $3p_x$ | $3p_y$ | $3p_z$ | 5つの3d軌道 |
| C | ●● | ●● | ● | ● | | | | | | |
| N | ●● | ●● | ● | ● | ● | | | | | |
| S | ●● | ●● | ●● | ●● | ●● | ●● | ●● | ● | ● | |

●は電子

**補足** 巻末に全元素の原子の電子配置が記載してある。

## この章で学んだこと

物質を構成する基本的粒子である原子とその構造，その電子配置を学習し，イオンの電子配置へと発展させ，関連してイオン化エネルギー，電子親和力を学習した。さらに元素の周期表を学習することにより，元素の性質を全体的に学習した。

### 1 原子とその構造
**1 原子** 物質を構成する基本的粒子。非常に小さく，半径はおよそ $10^{-8}$ cm，質量が $10^{-24} \sim 10^{-23}$ g。

**2 原子の構造** 中心に陽子と中性子からなる原子核，まわりに電子が存在。
(a) **原子番号**＝陽子の数＝電子の数
(b) **質量数**＝陽子の数＋中性子の数
➡原子の種類(元素)は原子番号で決まり，質量は質量数で決まる。

**3 同位体** 原子番号が同じで，質量数が異なる原子。
➡同じ元素の原子で質量が異なる原子。

### 2 原子の電子配置
**1 電子殻** 内側から順に，K殻，L殻，M殻，N殻，…。最大電子数は，順に 2，8，18，32，…，$2n^2$

**2 希ガス** 18族元素で，安定な電子配置(閉殻)。
➡ほとんど化合しない。単原子分子。

### 3 イオンとその電子配置
**1 イオン** 正に帯電した陽イオンと負に帯電した陰イオンがある。
(a) **形成** 原子が，電子を放出すると陽イオン，電子を受け取ると陰イオン。
(b) **電子配置** 典型元素のイオンは，希ガスと同じ電子配置。
(c) **価数** 原子から出入りした電子の数。
(d) **電子数** 陽イオン：原子番号−価数
陰イオン：原子番号＋価数

**2 イオン化エネルギー** 原子から電子1個を取り去って1価の陽イオンにするのに要するエネルギー。
➡小さいほど陽イオンになりやすい。
➡周期表の左側・下側の元素ほど小さい。

**3 電子親和力** 原子が電子1個を受け入れるとき発生するエネルギー。
➡大きいほど陰イオンになりやすい。
➡周期表の右側(18族を除く)の元素ほど大きい。

### 4 元素の周期表
**1 元素の周期律** 元素を原子番号の順に並べると，周期的に性質類似の元素が現れる。
➡価電子の数の周期性による。
〔周期性の例〕 イオン化エネルギー，電子親和力，原子半径，単体の沸点・融点

**2 典型元素** 1・2族，12〜18族の元素
➡各周期の元素の原子番号が増すにつれて価電子の数が増加する。

**3 遷移元素** 3〜11族の元素
➡各周期の元素の原子番号が増しても価電子の数は増加しない。
➡価電子の数は1〜2個で，すべて金属元素。

**4 金属元素** 陽イオンになりやすい。
➡陽性が強い。周期表の典型元素の左側・下側と遷移元素。

**5 非金属元素** 陰イオンになりやすい。
➡陰性が強い。(例外 水素，希ガス)
周期表の典型元素の右側・上側。

## 確認テスト3

解答・解説は p.186

**1** 酸素原子 $^{18}_{8}O$ について,その電子,中性子,陽子の数および質量数を比べた(a)～(d)の各組のうちで,数値の等しいものはどれか。
  (a) 電子の数と中性子の数
  (b) 中性子の数と陽子の数
  (c) 陽子の数と電子の数
  (d) 電子の数と質量数

**ヒント**
原子番号＝陽子の数
　　　　＝電子の数
　質量数
＝陽子の数＋中性子の数

**2** 原子番号 12 の元素について,次の(1)～(3)に答えよ。
  (1) この原子の価電子の数はいくつか。
  (2) この原子が安定なイオンになったとき,このイオン1個がもつ電子の数はいくつか。
  (3) (2)と同じ電子配置のものを次の(ア)～(エ)より選べ。
  　(ア) He　(イ) $F^-$　(ウ) $S^{2-}$　(エ) $K^+$

最大電子数は,
K殻：2,L殻：8
典型元素の安定なイオンは,希ガスと同じ電子配置となる。

**3** 次の原子番号の原子について,下の(1)～(5)に当てはまるものをそれぞれ選べ。
  4　8　11　16　18　19　21
  (1) ほとんど化合しないもの。
  (2) $_{20}Ca$ と同族元素であるもの。
  (3) イオン化エネルギーの最も小さいもの。
  (4) 遷移元素に属するもの。
  (5) 2価の陰イオンになりやすいもの。

ほとんど化合しないものは希ガス。
同族元素は価電子の数が等しい。
イオン化エネルギーは,周期表の左側・下側の元素ほど小さい。

**4** 次のa～fのうち,原子番号が増すにつれて,周期的に変化するものをすべて選べ。
  a　電子の数　　　b　価電子の数
  c　中性子の数　　d　原子半径
  e　原子量　　　　f　イオン化エネルギー

元素の周期律は,電子配置の周期性による。

# 第4章

# 物質と化学結合

## この章で学習するポイント

- □ 原子間の結合について
  - □ イオン結合：金属元素と非金属元素の原子間
  - □ 金属結合：金属元素の原子間
  - □ 共有結合：非金属元素の原子間
  - □ 分子と共有結合
  - □ 電子式と共有結合
  - □ 配位結合による共有結合

- □ 結晶について
  - □ イオン結合
  - □ 金属（金属結晶）
  - □ 分子結晶
  - □ 共有結合の結晶

- □ 分子間の結合について
  - □ 極性分子・無極性分子
  - □ 分子間力
  - □ 水素結合

- □ 金属の結晶構造について
  - □ 体心立方格子・面心立方格子・六方最密構造

# 1 イオン結合とイオン結晶

## 1 イオン結合

### Ⓐ イオン結合のしくみ

塩化ナトリウム NaCl の結晶におけるナトリウム原子 Na と塩素原子 Cl の結合を考えよう。

Na は原子番号が 11 で，価電子が 1 個であり，この価電子を放出して 1 価の陽イオン $Na^+$ になりやすい。一方，Cl は原子番号が 17 で，価電子が 7 個であり，電子 1 個を受け取って 1 価の陰イオン $Cl^-$ になりやすい。なお，$Na^+$ と $Cl^-$ は，それぞれ安定なネオン，アルゴンと同じ電子配置である。

そこで，NaCl では，次のように電子をやりとりして，$Na^+$，$Cl^-$ となっている。

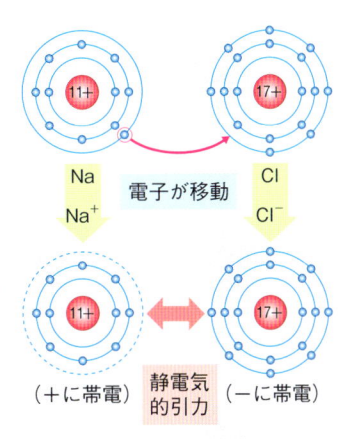

図 4-1 イオン結合

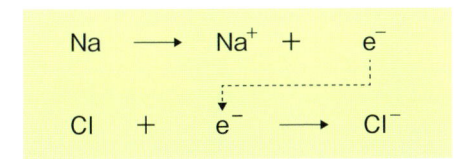

$$Na \longrightarrow Na^+ + e^-$$
$$Cl + e^- \longrightarrow Cl^-$$

NaCl の結晶では，$Na^+$ と $Cl^-$ が正と負の静電気的な引力によって互いに引きあい，$Na^+$ と $Cl^-$ が交互に配列して結晶をつくっている。このような**陽イオンと陰イオンの静電気的な引力による結合**を**イオン結合**という。

### Ⓑ イオン結合と元素

ナトリウムのように**陽イオンになりやすい元素を陽性元素**といい，塩素のように**陰イオンになりやすい元素を陰性元素**という。陽性元素と陰性元素の化合物の多くはイオン結合からなる。一般に，金属元素は陽イオンになりやすく，非金属元素は陰イオンになりやすいから，**金属元素と非金属元素の化合物の多くは，イオン結合で結合している。**

(補足) 非金属元素には，希ガスや C，Si のように陰イオンになりにくいものもある。

> **POINT**
>
> 金属元素と非金属元素からなる多くの化合物
> ⇨ **イオン結合**
>
> 金属元素は陽イオンになりやすく（陽性元素），非金属元素の多くは陰イオンになりやすい（陰性元素）ので，これらの化合物はイオン結合からなるものが多い。

**例題4　イオン結合**

次の化学式で示される物質のうち，イオン結合からなるものはどれか。
(a) $CO_2$　(b) $NO_2$　(c) $CCl_4$　(d) $FeCl_3$　(e) $C_6H_5Cl$

**解答**

金属元素と非金属元素からなる化合物は $FeCl_3$ だけ。**(d)**　…**答**

## 2　イオン結晶

塩化ナトリウムの結晶のように，イオン結合によって陽イオンと陰イオンが交互に規則正しく配列してできている結晶を**イオン結晶**という。

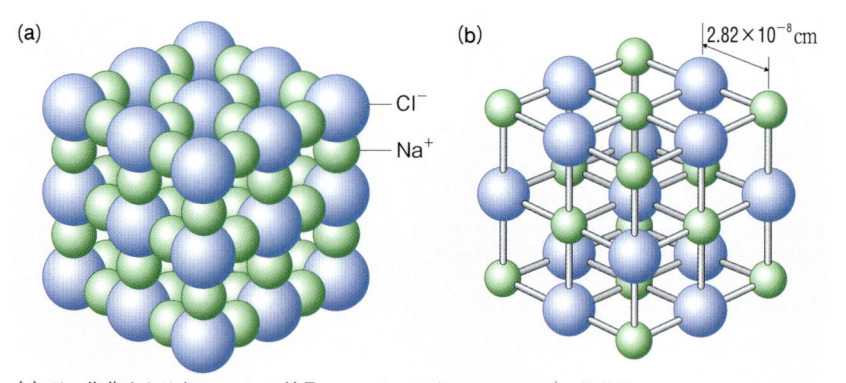

(a) は，塩化ナトリウム NaCl の結晶では，ナトリウムイオン $Na^+$ と塩化物イオン $Cl^-$ がイオン結合によって，規則正しく配列していることを示している。
(b) は，この $Na^+$ と $Cl^-$ の位置関係を表したもので結晶格子とよばれる。

図4-2　塩化ナトリウムの結晶と結晶格子

## Ⓐ イオン結晶の性質

イオン結晶は，陽イオンと陰イオンからできている結晶であるから，次のような性質を示す。

① イオン間の電気的な引力は強いので，一般にイオン結晶は硬く，比較的高い融点をもつ。
② 結晶状態では電気を通さないが，加熱融解した状態では電気をよく通す。
③ 水に溶解した場合，その水溶液は電気をよく通す。

(補足) イオン結晶を加熱融解や水溶液にすると，イオンが自由に動けるようになり，電気が通じるようになる。

> **POINT** イオン結晶は，加熱融解すると電気を通す。
>
> 「結晶状態では電気を通さないが，加熱融解すると電気を通す」といえばイオン結晶と考えてよい。

## Ⓑ 組成式

イオン結晶は，陽イオンと陰イオンが交互に連続して配列していて，分子に相当する粒子がない。このように分子でない物質を表すには，物質を構成する原子やイオンの種類とその数の割合で表した**組成式**を用いる。イオン結晶の組成式では次の関係が成り立つ。

(陽イオンの価数)×(陽イオンの数)＝(陰イオンの価数)×(陰イオンの数)

(例) 塩化カルシウムの結晶は $Ca^{2+}$ と $Cl^-$ からなるから

$Ca^{2+}$ の価数　$Ca^{2+}$ の数　$Cl^-$ の価数　$Cl^-$ の数
↓　　　　　　↓　　　　　　↓　　　　　　↓
2　　×　　1　　＝　　1　　×　　2　　よって，組成式は $CaCl_2$

> **POINT** $A^{m+}$ と $B^{n-}$ の化合物の組成式 ⇨ $A_nB_m$
>
> $A^{m+}$：$m$ 価の A の陽イオン，$B^{n-}$：$n$ 価の B の陰イオン

第4章　物質と化学結合

### ○ 組成式の読み方

イオン結晶の組成式は「右側(陰イオン)から左側(陽イオン)に"イオン"を省略して読む」。なお，塩化物イオンなどの「物」は読まない。

**例** $Na_2SO_4$ ⇨ 硫酸ナトリウム(硫酸イオン＋ナトリウムイオン)
$CaCl_2$ ⇨ 塩化カルシウム(塩化物イオン＋カルシウムイオン)

**例題5　イオン結晶の組成式の書き方と読み方**

次の(1)，(2)のイオンからなるイオン結晶の組成式と名称を記せ。
(1) $K^+$，$SO_4^{2-}$　　(2) $Al^{3+}$，$Cl^-$

**解答**
(1) $K_2SO_4$　硫酸カリウム　…答　(2) $AlCl_3$　塩化アルミニウム　…答

## 3 電離と電解質

### ○ 電離

塩化ナトリウム NaCl や塩化水素 HCl の水溶液は電気をよく通す。これは，水溶液中で陽イオンと陰イオンに分かれ，それらが自由に動けるようになっているからである。ちなみに**塩化水素 HCl の水溶液のことを塩酸という**。

$$NaCl \longrightarrow Na^+ + Cl^- \qquad HCl \longrightarrow H^+ + Cl^-$$

物質が水に溶けるなどして，陽イオンと陰イオンに分かれることを**電離**という。

### ○ 電解質・非電解質

塩化ナトリウムや塩化水素のように，**水に溶けて電離する物質を電解質**といい，スクロースやエタノールのように，**水に溶けて電離しない物質を非電解質**という。

**補足** 1. 非電解質の水溶液は電気を通さない。
2. 塩化ナトリウムはイオン結晶であるから，結晶状態でイオンとなっている。塩化水素は分子からなる物質であるから，水に溶けてイオンになる。

# 2 金属結合と金属

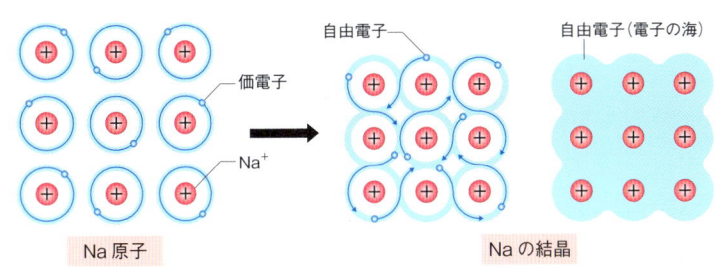

## 1 金属結合

Na原子は1個の価電子をもっているが，Naの結晶中では，この価電子は1個の原子に固定されないで自由に移動できる電子となり，いくつかの原子に共有された状態になっている。これは，電子の海に原子（イオン）が存在する状態ともいえる。

**図4-3　金属結合**

　ナトリウムの結晶を考えてみると，1個のNa原子のまわりには8個のNa原子が隣接しているが，これらの原子の最外殻軌道には余裕がある。またNa原子の1個の価電子は離れやすいことから，特定の原子に固定されずにまわりの他の原子の軌道を自由に動きまわり，いくつかの原子に共有される。したがってNa原子は価電子を放出した形のNa$^+$になるとともに，**まわりの原子と価電子を互いに共有しあう。**

　このような結合を**金属結合**といい，このときの固定されていない価電子を**自由電子**という。

(補足) 金属結合は自由電子による結合であるから，結合に方向性がない。

## 2 金属（金属結晶）の性質

　金属には光沢（金属光沢）があり，展性（うすく広がる性質）・延性（線状に延びる性質）に富む。また，熱・電気の電導性が大きい。

(補足) 光沢は自由電子による光の反射と考えられ，展性・延性は，自由電子による結合のため，方向性がなく，ずれることができることによる。また，熱・電気の伝導性の大きさは自由電子の移動による。

# 3 分子と共有結合

## 1 分子

気体の酸素や水素は，分子という粒子からなる。気体に限らず，液体や固体の状態のものにも分子がある。

**例** 水は水分子が集まったもの，ドライアイスは二酸化炭素分子が集まったものである。

水素 $H_2$　二酸化炭素 $CO_2$
水 $H_2O$　アンモニア $NH_3$

図4-4　分子モデル

### ➕プラスα　分子と原子・分子式

原子がいくつか結合して分子となっている。分子を表すには，分子を構成する原子の種類とその数で表した**分子式**を用いる。

## 2 共有結合

### Ⓐ共有結合のしくみ

塩素分子 $Cl_2$ を例にして，塩素原子間の結合を考えてみよう。

塩素原子 Cl は原子番号 17 であり，価電子が7個で，電子1個を受け取ると，安定なアルゴン Ar と同じ電子配置となる。そこで，2つの塩素原子が，たがいの価電子を1個共有しあうと，それぞれの原子の最外殻電子が8個となり，それぞれ安定な電子配置(Ar型)となる。このように，**いくつかの価電子を互いに共有しあう結合を共有結合**という。

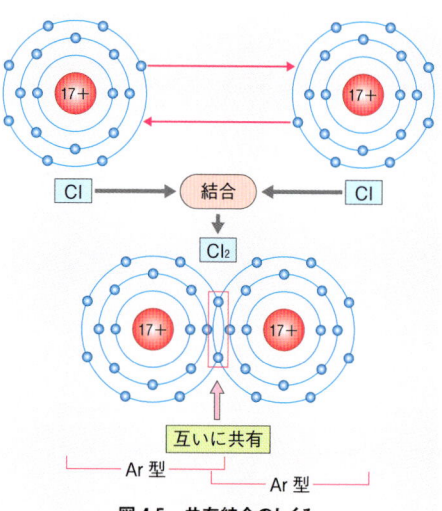

図4-5　共有結合のしくみ

### ➕プラスα　結合による電子配置

イオン結合の場合も共有結合の場合も，結合によって，希ガスと同じ電子配置となるものが多い。

### Ⓑ 共有結合と元素

　共有結合は，電子を取ろうとする傾向の強い原子，すなわち陰性元素の原子間の結合である。したがって，**共有結合は非金属元素の原子間の結合である**。

**例** $H_2$, $N_2$, $O_2$, $Cl_2$, $CO_2$, $NH_3$, $H_2O$, $CH_4$, $C_2H_5OH$

**補足** 水素原子は1個しか価電子がないので，ヘリウム He と同じ電子配置となって結合する。

> **POINT　非金属原子間の結合 ⇨ 共有結合**
>
> 　価電子のいくつかをたがいに共有した結果，希ガス原子と同じ電子配置をとるのが共有結合で，非金属元素の原子間の結合は共有結合である。

## 3 共有結合と分子

　$H_2$分子や$H_2O$分子など，分子を構成している原子間は共有結合によって結合している。そして$H_2$や$H_2O$のように，**2個の原子が1個ずつ電子を出しあい，2個の電子を共有してつくる結合を単結合**という。$CO_2$分子や$N_2$分子では，**図4-7**のように2個または3個ずつ出しあう共有結合となり，それぞれ**二重結合**，**三重結合**という。

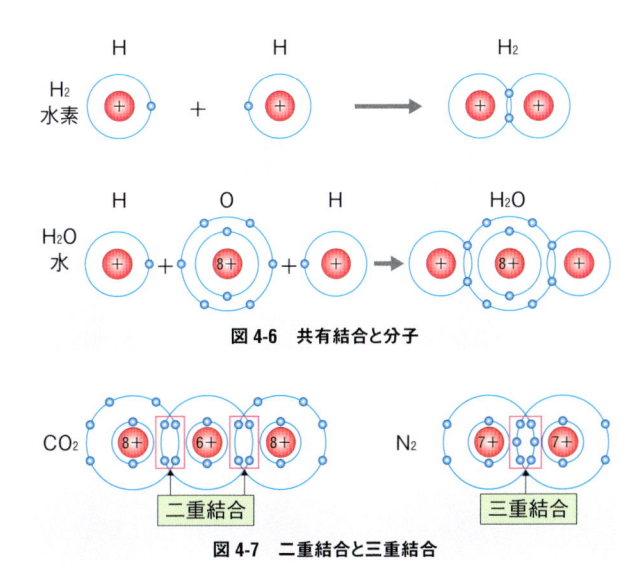

**図4-6　共有結合と分子**

**図4-7　二重結合と三重結合**

## 発展 分子のいろいろ

### 1 低分子の物質

表 4-1 低分子の物質

| 分子の種類 | 単体 | 化合物 |
|---|---|---|
| 単原子分子 | He, Ne, Ar, Kr, Xe | |
| 二原子分子 | $H_2$, $N_2$, $O_2$, $F_2$, $Cl_2$, $Br_2$, $I_2$ | HF, HCl, HBr, HI, CO, NO |
| 三原子分子 | $O_3$(オゾン) | $H_2O$, $H_2S$, $CO_2$, $NO_2$, $SO_2$, $CS_2$ |
| 四原子分子 | $P_4$(黄リン) | $NH_3$, $PH_3$(水素化リン, ホスフィン)<br>$SO_3$, $C_2H_2$(アセチレン) |
| その他 | $S_8$(斜方硫黄, 単斜硫黄)<br>$C_{60}$, $C_{70}$, $C_{80}$(フラーレン) | $HNO_3$, $H_2SO_4$, $P_4O_{10}$ など<br>有機化合物には多数 |

(補足) 古くは生物がつくり出す物質を**有機物**, 鉱物などを**無機物**と区別していたが, 現在では, 炭素を含む化合物を**有機化合物**といい, それ以外の化合物は**無機化合物**(**無機物質**)と呼んでいる。ただし, 二酸化炭素や炭酸塩は習慣として無機化合物(無機物質)として扱うことが多い。

### 2 高分子化合物

分子量が約1万以上の物質を**高分子化合物**または**高分子**といい, 天然に存在するものは**天然高分子化合物**, 人工的に合成したものは**合成高分子化合物**という。

例
天然高分子化合物 ┌ 無機高分子化合物：石英, 雲母, アスベスト
　　　　　　　　 └ 有機高分子化合物：デンプン, セルロース, タンパク質, 天然ゴム

合成高分子化合物 ┌ 無機高分子化合物：ガラス, シリコーン樹脂, 窒化ホウ素
　　　　　　　　 └ 有機高分子化合物：ポリエチレン, ポリエチレンテレフタラート
　　　　　　　　　　　　　　　　　　　ナイロン, 合成ゴム, フェノール樹脂

### 3 合成高分子化合物の合成の例

**(1) ポリエチレン**

低分子のエチレン $CH_2=CH_2$ が, その二重結合の1本を開いて次々と多数のエチレンと共有結合して高分子化合物のポリエチレンとなる。

$$\cdots + CH_2=CH_2 + CH_2=CH_2 + \cdots \longrightarrow \cdots -CH_2-CH_2-CH_2-CH_2-\cdots$$
　　　　エチレン　　　　エチレン　　　　　　　　　　　　ポリエチレン

(補足) このときのエチレンを**単量体**(**モノマー**), 単量体から高分子が生成する過程を**重合**といい, ポリエチレンを**重合体**(**ポリマー**)という。また, 二重結合を開きながら重合する反応を**付加重合**という。

**(2) ポリエチレンテレフタラート**

エチレングリコール $C_2H_4(OH)_2$ とテレフタル酸 $C_6H_4(COOH)_2$ を反応させるとエチレングリコールの H とテレフタル酸の OH から $H_2O$ がとれて, 次々と結合してポリエチレンテレフタラートとなる。

(補足) 分子間で水のような簡単な分子がとれて重合する反応を**縮合重合**という。

## 4 原子価と構造式

共有結合をしている2個の電子を1本の線で示して分子を表したものを**構造式**という。この線を**価標**といい，それぞれの原子から出る価標の数を**原子価**という。H, O, N, Cの原子価は，それぞれ1価，2価，3価，4価である。

> **＋プラスα**
> 分子式や構造式など物質の構成を元素記号で表したものをまとめて**化学式**という。

▼表4-2 分子・分子式・構造式・分子の形

| 分 子 | 分子式 | 構造式 | 分子の形 |
|---|---|---|---|
| 水 素 | $H_2$ | H–H | H─H |
| 水 | $H_2O$ | H–O–H | |
| アンモニア | $NH_3$ | H–N–H<br>│<br>H | |
| メタン | $CH_4$ | H<br>│<br>H–C–H<br>│<br>H | |
| 二酸化炭素 | $CO_2$ | O=C=O<br>（二重結合） | O C O |
| 窒 素 | $N_2$ | N≡N<br>（三重結合） | N N |

## 5 分子結晶

分子からできている結晶を**分子結晶**という。分子が分子間にはたらく引力(分子間力 p.84)により規則正しく配列してできた結晶が，分子結晶である。

### Ⓐ 分子結晶の例

ドライアイス(固体の二酸化炭素)，ヨウ素などの結晶，また，酸素や窒素などの気体や水，ベンゼンなどの液体を固体にしたときにできる結晶。

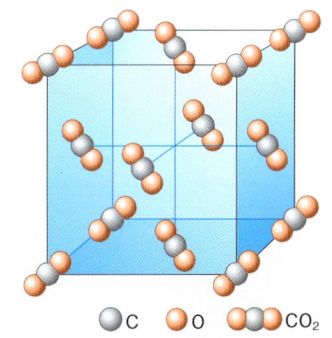

図4-8 二酸化炭素の結晶モデル
● C　● O　●● $CO_2$

### Ⓑ 分子結晶の性質

分子間にはたらく引力(分子間力 p.84)は弱いので，分子からなる物質の結晶は融点が低く，常温で気体や液体のものが多い。また，こわれやすく，もろい。

# 4 共有結合の結晶

## 1 共有結合の結晶

　ヨウ素の結晶や二酸化炭素の結晶(ドライアイス)は,それぞれ $I_2$ や $CO_2$ の分子が分子間力によって集合したものである。一方,炭素からなるダイヤモンドは,炭素原子の4個の価電子が,それぞれまわりの4個の炭素原子と共有結合し,立体的に共有結合を繰り返して結晶をつくっている。このように**共有結合が連続して1つの結晶をつくっているもの**を**共有結合の結晶**という。

### Ⓐ 共有結合の結晶の例

　C(ダイヤモンド,黒鉛),Si,$SiO_2$(石英や水晶),SiC が重要。

図 4-9　ダイヤモンドの結晶構造

図 4-10　黒鉛の結晶構造

### Ⓑ 共有結合の結晶の性質

　一般に,融点が非常に高く,硬いものが多い。また,電気を通さない。

＋プラスα

黒鉛は,融点が非常に高いが,他の共有結合の結晶と違ってやわらかく,電気をよく通す。

> **POINT**
> 共有結合の結晶 ⇨ C,Si,$SiO_2$,SiC
> 　　　　　　　⇨ 融点が非常に高い

## 2 ダイヤモンドと黒鉛

ダイヤモンドと黒鉛は，炭素からなる単体で，たがいに同素体であり，ともに共有結合の結晶であるが，性質は異なる。

表 4-3　ダイヤモンドと黒鉛の性質の違い

|  | ダイヤモンド | 黒鉛 |
|---|---|---|
| 色 | 無色・透明 | 黒色・不透明 |
| 硬さ | 非常に硬い | やわらかい |
| 電導性 | 電気を通さない | 電気を通す |

**補足**
1. 黒鉛は，グラファイト・石墨(せきぼく)ともいう。
2. 黒鉛は，炭素原子の4個の価電子のうち，3個が共有結合し，1個は結合していない。この結合していない電子があるため，光を吸収し黒色・不透明で，電気を通す。また，平面構造であるためやわらかい。平面構造間には分子間力(**p.84**)がはたらく。
3. フラーレンもCの同素体。

## 3 結晶の種類とその成分元素・性質

ここで，今まで学んだ結晶についてまとめておくので確認しておこう。

表 4-4　結晶の種類と性質

| 種類 | イオン結晶 | 分子結晶 | 共有結合の結晶 | 金属結晶 |
|---|---|---|---|---|
| おもな成分元素 | 金属元素 非金属元素 | 非金属元素 | 非金属元素 (C, Si, O) | 金属元素 |
| 化学結合 | イオン結合 | 共有結合，分子間力(水素結合など) | 共有結合 | 金属結合 |
| 硬さや状態 | 硬い，もろい | やわらかい もろい | 非常に硬い | 展性・延性に富む，光沢あり |
| 融点 | 高い | 低い | 非常に高い | 高いものも低いものもある |
| 電気伝導性 | 結晶にはない 加熱融解するとある | ない | ない (黒鉛はある) | ある |
| 例 | NaCl, CaO, KI | $CO_2$, $I_2$, $C_{12}H_{22}O_{11}$ | C, Si, $SiO_2$ | Na, Fe, Al, Cu |

補足
1. イオン結晶は，金属元素と非金属元素からなるが，塩化アンモニウム $NH_4Cl$（$NH_4^+$ と $Cl^-$）のような，非金属元素のみからなる例外もある。
2. 化学結合は，物質中の原子やイオン間の結合とともに，分子間の結合などを含めた総称としていうことが多い。
3. 分子結晶は，原子間は共有結合，分子間は分子間力や水素結合による。
4. 黒鉛は，共有結合の結晶であるが，やわらかく，電気をよく通す。
5. 金属は，融点の高いものが多いが，Hg（水銀，常温で液体），Cs（セシウム，融点：28 ℃）のように低いものもある。

## コラム アモルファス金属

金属原子は規則的に配列しやすく，「金属」といえば，金属原子が規則的に配列した「金属結晶」を指す。それに対して，**金属原子が規則的に並んでいない非晶質状態の金属がアモルファス金属**である。金属を加熱融解して液体金属にした後，結晶化速度よりも速く冷却する水冷ロールを用いた液体急冷法とよばれる方法などによって，急冷してつくられる。アモルファス金属は，従来の金属にない強靭性や磁気特性をもつ新素材である。なお，温度変化によって元の形にもどる「形状記憶合金」はアモルファス合金である。

# 5 電子式と共有結合

## 1 電子式

### Ⓐ 電子式とその書き方

元素記号のまわりに，**最外殻電子を点で表したものを電子式**という。

〔書き方〕

最外殻電子の点を書くとき，元素記号の上下左右にそれぞれ2つずつで4対8席の座席があると考えて，**図 4-11** の Li から C のように，各座席に1個ずつ点を書く。次に N から Ne までは各座席が対をつくるように点を書く。ただし，H と He は1対2席の座席しかない。

H·　He:　｜　Li·　·Be·　·B·　·C·　·N·　·O·　:F·　:Ne:

**図 4-11　原子の電子式**

### Ⓑ 不対電子

最外殻には，最大で4組の電子対（電子8個）が存在する。**対をつくっていない電子を不対電子**という。

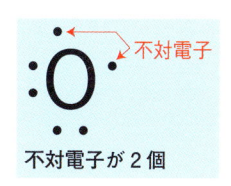

〔例〕 図 4-11 より，不対電子は C が4個，N が3個，O が2個，F が1個である。

〔補足〕 図 4-11 では，不対電子が Li は1個，Be は2個のような形であるが，Li は1個，Be は2個の価電子を放出して $Li^+$（リチウムイオン），$Be^{2+}$（ベリリウムイオン）になり，共有電子対にはならないので，普通これらは不対電子とはいわない。

## 2 共有結合と電子式

### Ⓐ 共有結合と電子式

水素原子 H と酸素原子 O から共有結合によって水分子 $H_2O$ が形成するときのモデル図を電子式で表すと，次のようになる。

例　水素原子，酸素原子，水分子

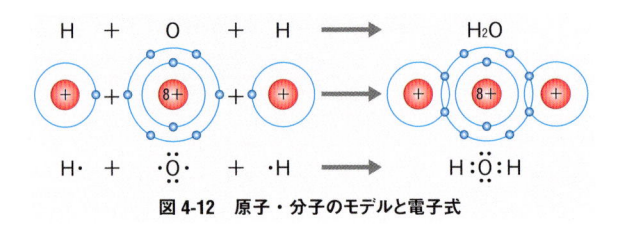

図 4-12　原子・分子のモデルと電子式

### ❸共有結合と共有電子対

共有結合は，2つの原子が1個ずつの不対電子を出しあって電子対とし，この**電子対を2つの原子が共有することによって生じる化学結合**である。このとき**共有される電子対**を**共有電子対**という。一方，結合する前から対になっていて**共有結合に関係しない電子対**を**非共有電子対**という。

例　水分子

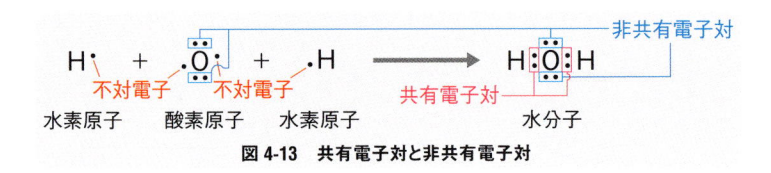

図 4-13　共有電子対と非共有電子対

### ❹共有結合の電子配置

非金属元素のうち，不対電子をもつ原子や原子団が共有結合して分子をつくる。このとき，安定な分子では一般に，不対電子は共有電子対になることによって，各原子は**希ガスと同じ電子配置**になっている。

例

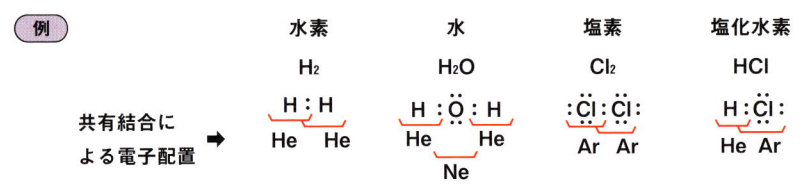

| | 水素 | 水 | 塩素 | 塩化水素 |
|---|---|---|---|---|
| | $H_2$ | $H_2O$ | $Cl_2$ | $HCl$ |
| 共有結合による電子配置 → | H:H<br>He　He | H:Ö:H<br>He　He<br>Ne | :Cl̈:Cl̈:<br>Ar　Ar | H:Cl̈:<br>He　Ar |

補足　分子をつくるとき，H は He，C・N・O・F は Ne，S・Cl は Ar，Br は Kr，I は Xe と，それぞれ同じ電子配置になる。

### ➕プラスα 分子の電子式

**元素記号のまわりの点の数は つねに Hに2個，他の元素では8個書けばよい。**

共有結合によって，各原子は希ガスと同じ電子配置になるが，希ガスの最外殻の電子数は，Heは2個，他の希ガスの原子は8個である。

したがって，分子の電子式における元素記号のまわりの点（最外殻電子）の数は，Hでは2個，他の元素では8個となっている。

（例） HCl　　　H$_2$S　　　CO$_2$
　　　H:$\ddot{\text{Cl}}$:　H:$\ddot{\text{S}}$:H　:$\ddot{\text{O}}$::C::$\ddot{\text{O}}$:　←まわりの点の数：Hは2個，他は8個。

（補足）"不対電子の数＝8－価電子数"の関係がある。例えば17族原子の価電子数は7なので不対電子の数は"8－7＝1" 1族・2族などは不対電子といわない。

---

### 例題6　分子の電子式

次の分子(1)～(6)の電子式を書け。
(1) I$_2$　　(2) NH$_3$　　(3) CH$_4$　　(4) CCl$_4$
(5) C$_2$H$_6$　(6) H$_2$S

#### 解答

元素記号のまわりの電子の数を点で表す。Hは2個，他の元素は8個書く。
(1) 17族のハロゲンであるから，価電子が7個で，不対電子は1個である。
(2) Nは15族であるから，価電子が5個で，不対電子は3個である。
(3) Cは14族であるから，価電子が4個で，不対電子は4個である。
(4) Cの不対電子は4個，ClはIと同じ17族で不対電子は1個である。
(5) 不対電子が4個のC原子が2個結合し，不対電子が1個のH原子が6個結合している。
(6) Sは16族であるから，価電子が6個で，不対電子は2個である。

(1) :$\ddot{\text{I}}$:$\ddot{\text{I}}$:

(2) H:$\ddot{\text{N}}$:H
　　　　H

(3) 　　H
　　H:$\ddot{\text{C}}$:H
　　　　H

(4) 　　　:$\ddot{\text{Cl}}$:
　　:$\ddot{\text{Cl}}$:C:$\ddot{\text{Cl}}$:
　　　　:$\ddot{\text{Cl}}$:

(5) 　H　H
　　H:$\ddot{\text{C}}$:$\ddot{\text{C}}$:H
　　　H　H

(6) H:$\ddot{\text{S}}$:H　…答

# 3 分子の電子式と構造式

## Ⓐ 電子式と構造式・価標

電子式で表した分子の結合状態において，**共有電子対を1本の線で示した化学式**が**構造式**であり，**この線を価標**という。

表 4-5 電子式，構造式の例

|   | 水素 | 水 | 二酸化炭素 |
|---|---|---|---|
| 分子式 | $H_2$ | $H_2O$ | $CO_2$ |
| 電子式 | H:H | H:Ö:H | :Ö::C::Ö: |
| 構造式 | H−H | H−O−H | O=C=O |

(補足) 分子式，組成式，電子式，構造式などを総称して**化学式**という。

## Ⓑ 電子式と二重結合・三重結合

水素 $H_2$ や水 $H_2O$ などは**原子どうしが1対の共有電子対で結合**している。このような共有結合を**単結合**という。

これに対し，原子どうしが**2対の共有電子対で結合している共有結合を二重結合**，**3対の共有電子対で結合している共有結合を三重結合**という。

構造式での価標は，単結合では1本，二重結合，三重結合では，それぞれ2本，3本となる。

表 4-6 単結合，二重結合，三重結合の例

|   | 単結合 | 二重結合 | 三重結合 |
|---|---|---|---|
| 物質名 | 水 | 二酸化炭素 | 窒素 |
| 分子式 | $H_2O$ | $CO_2$ | $N_2$ |
| モデル図 | (+)(8+)(+) | (8+)(6+)(8+) | (7+)(7+) |
| 電子式 | H:Ö:H | :Ö::C::Ö: | :N⋮⋮N: |
|   | ▲単結合 | ▲二重結合 | ▲三重結合 |
| 構造式 | H−O−H | O=C=O | N≡N |

### ⓒ 電子式と原子価

分子の構造式において，**1個の原子から出ている価標の数を原子価**という。共有電子対を表す線が価標であることから，原子の**不対電子の数が原子価**となる。

表 4-7 不対電子の数，価標，原子価の例

|  | 不対電子の数 | 価標の数 | 原子価 |
| --- | --- | --- | --- |
| 水素 H | 1個　H· | 1個　H− | 1価 |
| 酸素 O | 2個　·Ö· | 2個　−O− | 2価 |
| 窒素 N | 3個　·N̈· | 3個　−N− | 3価 |
| 炭素 C | 4個　·C̈· | 4個　−C− | 4価 |

> **コラム　硝酸イオンの電子式**
>
> 硝酸イオン $NO_3^-$ や炭酸イオン $CO_3^{2-}$ の電子式を，上記と同じような考え方で書こうとしてもなかなか書くことができない。
>
> $NO_3^-$ は右図のように書く。$N^+$ は N 原子が電子1個を放出したことを示し，$O^-$ は O 原子が電子1個を受け取っていることを示す。$NO_3^-$ は 1 価の陰イオンで外部から電子 1 個を受け取っているから，$O^-$ が 2 個となる。$NO_3^-$ には O 原子が 3 個あることから，右図のような 3 種類の形が存在し，これらの数が平均した状態で存在することになる。このとき，これら 3 種類が**共鳴している**という。

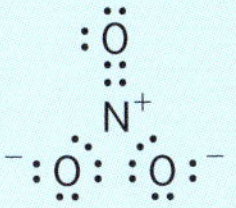

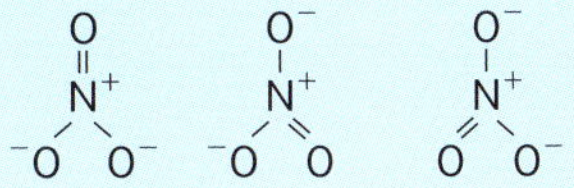

第4章　物質と化学結合

# 6 配位結合と錯イオン

## 1 配位結合

### Ⓐ配位結合

結合する原子間で，**一方の原子から非共有電子対が提供されて，それを2つの原子が共有する共有結合を配位結合**という。

### Ⓑアンモニウムイオン $NH_4^+$

アンモニア分子 $NH_3$ が水素イオン $H^+$ を受け取ってアンモニウムイオン $NH_4^+$ になるとき，$NH_3$ 分子のN原子がもつ非共有電子対を $H^+$ と共有して共有結合をつくる。この結合が配位結合である。

$$NH_3 + H^+ \longrightarrow NH_4^+$$

（補足）$NH_4^+$ は，$NH_3$ と酸が中和反応（**p.136**）して生成する塩やアンモニア水の中に存在する。

### Ⓒオキソニウムイオン $H_3O^+$

水分子 $H_2O$ が水素イオン $H^+$ を受け取ってオキソニウムイオン $H_3O^+$ になるとき，$H_2O$ 分子のO原子がもつ非共有電子対を $H^+$ と共有して共有結合をつくる。この結合が配位結合である。

$$H_2O + H^+ \longrightarrow H_3O^+$$

（補足）希塩酸や希硫酸などの酸の水溶液中にある $H^+$ は，オキソニウムイオン $H_3O^+$ として存在している（**p.124**）。

### ◐配位結合によるN-H，O-H

$NH_4^+$ の4個のN-H結合は全く同じ性質を示し，**どれが配位結合による結合かは区別できない**。$H_3O^+$ の3個のO-H結合も全く同じ性質で，どれが配位結合による結合かは区別できない。

> **POINT** 配位結合：非共有電子対を2つの原子が共有する共有結合。
> ⇨ 配位結合による共有結合と不対電子による共有結合は，全く同じ性質であり，区別できない。

## 2 錯イオン

### ◐錯イオンと錯塩

金属イオン（金属元素の陽イオン）に，非共有電子対をもった分子やイオンが配位結合してできたイオンを**錯イオン**という。**錯イオンを含む塩を錯塩**という。

なお，錯イオンをつくる金属イオンは，**遷移元素のイオンが多い**。

（例）$Cu^{2+}$ に $NH_3$ 分子が配位結合した錯イオン
$Cu^{2+} + 4NH_3 \longrightarrow [Cu(NH_3)_4]^{2+}$

（補足）金属イオンを中心にして分子やイオンが配位結合することから，金属イオンを**中心原子**ともいう。

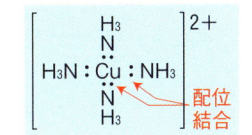

### ◐配位子

錯イオンにおいて，**金属イオンに配位結合している分子やイオンを配位子**という。配位子の分子やイオンは**非共有電子対をもっている**。

（例）配位子 → 分子：$NH_3$，$H_2O$　　イオン：$CN^-$，$Cl^-$，$OH^-$

---

**例題7　配位子と非共有電子対**

次の分子のうち錯イオンの配位子となることができないものはどれか。
ア $H_2O$　　イ $NH_3$　　ウ $CH_4$　　エ $HF$

**解答**

非共有電子対をもたない分子は，配位子になることができない。$CH_4$ はCの価電子のすべてが共有結合しているので，非共有電子対をもたない。

　　　ウ　…**答**

第4章　物質と化学結合

## ◉配位数

配位子の数を**配位数**といい，配位数の多くは 2，4，6 である。

**例** 配位数 2：$[Ag(CN)_2]^-$，$[Ag(NH_3)_2]^+$
配位数 4：$[Zn(NH_3)_4]^{2+}$，$[Cu(H_2O)_4]^{2+}$
配位数 6：$[Fe(CN)_6]^{3-}$，$[Cr(NH_3)_6]^{3+}$

**補足** 2配位錯イオン，4配位錯イオン，6配位錯イオンという呼び方をする。

## ◉錯イオンの電荷

錯イオンの電荷数については次のようにいえる。

❶ **配位子が分子の場合** 金属イオンの電荷数に等しい。

**例** $Cu^{2+}$ と 4 分子の $NH_3$ からできる錯イオンの電荷数は，$Cu^{2+}$ の電荷数に等しい。
よって $[Cu(NH_3)_4]^{2+}$

❷ **配位子がイオンの場合** 金属イオンと配位したイオンの電荷数の和となる。

**例** $Fe^{3+}$ と 6 個の $CN^-$ からなる錯イオンの電荷数は，$Fe^{3+}$ と 6 個の $CN^-$ の電荷数の和となるから $(+3)+(-1)\times 6 = -3$
よって $[Fe(CN)_6]^{3-}$

---

**POINT**

錯イオン ⇨ $[Cu(NH_3)_4]^{2+}$

- 金属イオン（遷移元素が多い）
- 配位子（非共有電子対をもつ） ➡ 配位結合
- 電荷（金属イオンと配位子の電荷数の和）
- 配位数（配位子の数）

**発展** 錯イオンの立体構造

### 1 2配位錯イオン

［Ag(NH$_3$)$_2$］$^+$のような2配位錯イオンは，右図のように，金属イオンの両側に配位子が直線状に結合している。

したがって，全体として**2配位錯イオンは直線構造**である。

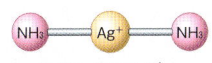

**例** ［Ag(NH$_3$)$_2$］$^+$，［Ag(CN)$_2$］$^-$

図4-14 2配位錯イオン

### 2 4配位錯イオン

右図のように**錯イオンによって構造が異なる**。

#### ❶ 正四面体構造

［Zn(NH$_3$)$_4$］$^{2+}$の場合は，右図のように，Zn$^{2+}$が正四面体の中心に位置し，各頂点に配位子であるNH$_3$が結合した構造になっている。

**例** ［Zn(NH$_3$)$_4$］$^{2+}$，［CoCl$_4$］$^{2-}$

#### ❷ 正方形構造

［Cu(NH$_3$)$_4$］$^{2+}$の場合は，Cu$^{2+}$が正方形の平面の中心に位置し，各頂点に配位子であるNH$_3$が結合した構造になっている。

**例** ［Cu(NH$_3$)$_4$］$^{2+}$，［Cu(H$_2$O)$_4$］$^{2+}$

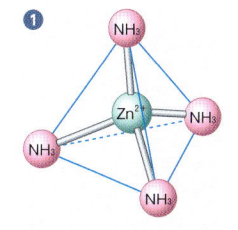

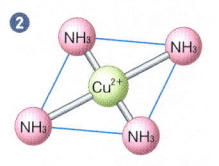

図4-15 4配位錯イオン

### 3 6配位錯イオン

［Fe(CN)$_6$］$^{4-}$のような6配位錯イオンの場合は，**図4-16**のように正八面体の中心にFe$^{2+}$が位置し，各頂点に配位子のCN$^-$が結合している。したがって，**6配位錯イオンは正八面体構造**である。

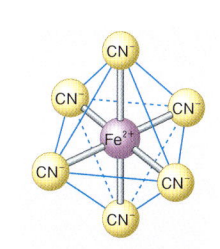

**例** ［Fe(CN)$_6$］$^{4-}$，［Fe(CN)$_6$］$^{3-}$，［Ni(NH$_3$)$_6$］$^{2+}$

図4-16 6配位錯イオン

# 7 分子間の結合

## 1 分子の極性

### Ⓐ 電気陰性度

H−Cl などのように共有結合している原子の元素が異なる場合は，共有電子対が一方の原子側に引き寄せられる。**原子が共有電子対を引き寄せる強さを表す数値を電気陰性度**という。

**電気陰性度の大きい元素ほど，結合したとき電子を強く引き寄せる。**

（補足）HCl 分子では，共有電子対が Cl 原子側に引き寄せられている。

### Ⓑ 周期表と電気陰性度

各元素の原子の電気陰性度は次の通りである。

表 4-8　原子の電気陰性度

| | | | | | | |
|---|---|---|---|---|---|---|
| H 2.1 | | | | | | |
| Li 1.0 | Be 1.5 | B 2.0 | C 2.5 | N 3.0 | O 3.5 | F 4.0 |
| Na 0.9 | Mg 1.2 | Al 1.5 | Si 1.8 | P 2.1 | S 2.5 | Cl 3.0 |
| K 0.8 | Ca 1.0 | Ga 1.6 | Ge 1.8 | As 2.0 | Se 2.4 | Br 2.8 |
| Rb 0.8 | Sr 1.0 | In 1.7 | Sn 1.8 | Sb 1.9 | Te 2.1 | I 2.5 |
| Cs 0.7 | Ba 0.9 | Tl 1.8 | Pb 1.8 | Bi 1.9 | Po 2.0 | At 2.2 |

- 電気陰性度の最大値はフッ素 F の 4.0 である。
- 希ガス（18族）の原子は共有結合しないので，電気陰性度は決められない。
- 電気陰性度の大きい元素を，陰性が大きい元素ともいう。

上の表 4-8 でわかるように，電気陰性度は，18族を除いて，**各周期では原子番号が増えるにつれて大きく，各族では原子番号が小さいほど大きい。**

> **POINT**
> 電気陰性度は，元素の周期表の，18 族を除いて
> 右側・上側の元素ほど大きい。
>
> 17族（ハロゲン）で原子番号が最も小さいフッ素 F の値が最も大きい。

### ⓒ 結合の極性

H-Cl の分子では，電気陰性度が H が 2.1，Cl が 3.0（**表 4-8**）で，Cl 原子の方が大きいため，共有電子対が Cl 原子側に引き寄せられ，H と Cl の**結合の間に電荷のかたよりを生じる**。これを**結合の極性**という。

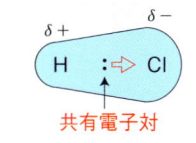

図 4-17　HCl の電荷のかたより

H-Cl の分子では，Cl 原子側がわずかに負の電荷($\delta-$)，H 原子側がわずかに正の電荷($\delta+$)を帯びる。

結合している原子の電気陰性度の差が大きいほど電荷のかたよりは大きくなる。これを「**極性が強い**」あるいは「**極性が大きい**」などという。

(補足)　1. 共有結合する原子間に電荷のかたよりがある場合は，「結合に極性がある」という。
　　　　2. わずかに帯びた正または負の電荷を $\delta+$，$\delta-$ で表し，デルタプラス，デルタマイナスと読む。

### ⓓ 極性分子と無極性分子

HCl 分子は，前記のように共有電子対が Cl 原子側に引き寄せられ，結合の極性があり，分子全体として電荷のかたよりがある。このように，**分子全体として電荷のかたよりがある分子**を**極性分子**という。

一方，$H_2$ 分子や $Cl_2$ 分子は，結合の極性がなく電荷のかたよりがない。また，$CO_2$ 分子では C 原子の両側に直線状に O 原子が結合しているため，C=O の結合の極性をたがいに打ち消しあい，分子全体としては電荷のかたよりがない。このように，**分子全体として電荷のかたよりのない分子**を**無極性分子**という。

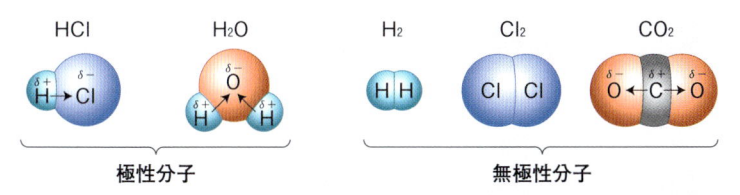

図 4-18　極性分子と無極性分子

## 2　物質と極性分子・無極性分子

### ⓐ 単体

$H_2$ や $Cl_2$ の単体の分子は，原子間に電気陰性度の差がないので，結合に極性がなく**無極性分子**である。

### ❷ 二原子分子の化合物

HCl や HI, CO などの二原子分子の化合物は，異なる元素の結合である。一般に異なる元素の電気陰性度はたがいに異なるから，結合に極性があり，分子に電荷のかたよりがあるので**極性分子**である。

(補足) 電気陰性度が 3.0 の N・Cl, 2.5 の C・S・I, 2.1 の H・P・Te などは，いずれも電気陰性度が同じ元素どうしで，二原子分子の化合物をつくらない。したがって二原子分子の化合物は極性分子とみてよい。

> **POINT**
> 単体 ⇨ **無極性分子**
> 二原子分子の化合物 ⇨ **極性分子**
> 電気陰性度が同じ元素の二原子分子の化合物はほとんどない。

### ❸ 多原子分子の化合物

三原子以上の分子では，極性分子か無極性分子かは分子の形による。結合に極性があっても，分子全体としてたがいに打ち消しあうような対称構造の分子の形の場合は，無極性分子である。

#### ❶ $H_2O$ 分子の場合

O−H の結合は，電気陰性度が O 原子の方が大きいため，結合の極性がある。H−O−H の結合角は 104.5°の**折れ線形であるから**，O−H の極性は打ち消されることがないので，**極性分子**である。

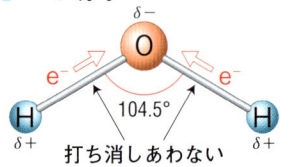

#### ❷ $NH_3$ 分子の場合

N−H の結合は，電気陰性度が N 原子の方が大きいため，結合の極性がある。H−N−H の結合角は 106.7°の**三角すい形であり**，極性は打ち消されることがないので，**極性分子**である。

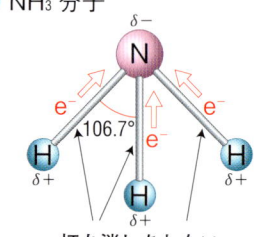

❸ **CH₄ 分子の場合**

C−H の結合は，電気陰性度が C 原子の方が大きく，結合に極性があるが，C を中心とする**正四面体形であり**，極性が打ち消されるため分子全体では電荷のかたよりがなく，**無極性分子**である。

CH₄ の H と Cl が置き換わった **CCl₄**，C の同族元素の Si からなる **SiH₄ も正四面体形で無極性分子**である。

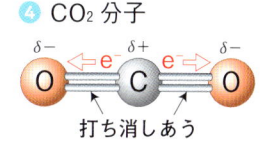

❸ CH₄ 分子

❹ **CO₂ 分子の場合**

C=O の結合は，電気陰性度が O 原子の方が大きいため，結合の極性があるが，C 原子の両側に O 原子が結合していて**直線形である**から，極性が打ち消しあうため分子全体としては電荷のかたよりがなく，**無極性分子**である。

❹ CO₂ 分子

---

**POINT**

H₂O：折れ線形　　NH₃：三角すい形　⇨　極性分子
CH₄：正四面体形　CO₂：直線形　　　⇨　無極性分子

H₂S は H₂O と同じく折れ線形で極性分子であり，CCl₄，SiH₄ は CH₄ と同じく正四面体形で無極性分子である。

---

**例題8　極性分子と無極性分子**

下のア〜カの物質の組み合わせのうち，(1)，(2)に当てはまるものを選べ。
(1) どちらも無極性分子である。　(2) どちらも極性分子である。
　ア　H₂ と HI　　　　イ　H₂S と NH₃　　　ウ　H₂O と Cl₂
　エ　CO₂ と CCl₄　　オ　CH₄ と HCl　　　カ　SiH₄ と PH₃

**解答**

(1) 無極性分子は，単体の H₂，Cl₂，直線形の CO₂，正四面体形の CCl₄，CH₄，SiH₄　よって，CO₂ と CCl₄ の **エ**　…答

(2) 極性分子は，二原子分子の化合物の HI，HCl，折れ線形の H₂S，H₂O，三角すい形の NH₃，PH₃　よって，H₂S と NH₃ の **イ**　…答

## 発展　分子の形とオービタルモデル

p.80, 81 にはメタン分子は正四面体形，水は折れ線形などとあり，一方，p.53 には，原子核のまわりの電子は雲のような軌道となっていて，オービタルモデルと呼んでいるとある。そこで，これらの分子の形とオービタルモデルの関係を考えてみよう。

### 1 メタン分子とオービタルモデル

メタン分子 $CH_4$ は，右図のように正四面体構造の中心に C 原子があり，頂点に H 原子が結合した構造で，H-C-H の結合角は 109.5°となっている。

この結合を電子軌道の観点で見ていこう。まず C 原子の電子配置は右下の**図 4-20** の通りである。

これは $1s^2 2s^2 2p^2$ と書き，原子が結合などしていない状態で**基底状態**の電子配置といい，電子を↑，↓で示すと，下図の左のようになる。いま，H 原子と結合するとき，電子が対になって共有結合する。4 個の H 原子と結合することから下図の右のようになる。この状態を**励起状態**と呼び，$1s^2 2s^1 2p^3$ と書く。

**図 4-19　メタン分子**

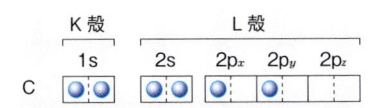

**図 4-20　炭素原子の電子配置（基底状態）**

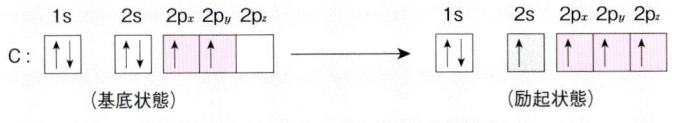

**図 4-21　炭素原子の基底状態と励起状態**

しかし，この場合は 1 つの価電子が 2s 軌道，3 つの価電子が 2p 軌道となり，4 個の価電子が同じ状態（等価）ではないので，4 個が混じり合って等価な下図の新しい軌道となる。このように異なる軌道から新しい軌道をつくることを**混成**といい，新しくできた軌道を**混成軌道**という。そして，上記のように 1 つの s 軌道と 3 つの p 軌道の混成によって生じた軌道を **$sp^3$ 混成軌道**という。

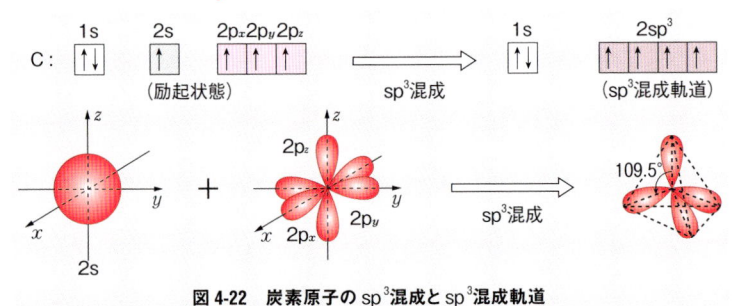

**図 4-22　炭素原子の $sp^3$ 混成と $sp^3$ 混成軌道**

こうしてできた sp³ 混成軌道は，4 つの等価の軌道となる。こうして 4 個の H 原子が結合して正四面体形のメタン分子 CH₄ ができる。

### 2 水分子とオービタルモデル

水分子 $H_2O$ は，右図のように折れ線形の構造で H−O−H の結合角は 104.5° となっている。

O 原子の電子配置は右下の通りである。

水分子 $H_2O$ は，O 原子の 2 つの p 軌道(たとえば $p_y$, $p_z$)に H 原子の s 軌道が重なって結合している。

3 つの p 軌道は下左図の通りであるから，下右図のように H−O−H の結合角は 90° と予想されるが，実測では 104.5° である。この原因は次の a，b が考えられる。

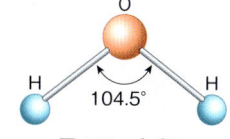

図 4-23 水分子

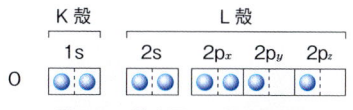

図 4-24 酸素原子の電子配置

a. H−O の結合において O 原子の方が電気陰性度が大きく，電子は O 原子側に片寄り，2 つの H 原子が＋に帯電し，たがいに静電気的な反発がある。

b. s 軌道が少し混じった，sp³ 混成軌道の性質も少しあわさった状態にある。

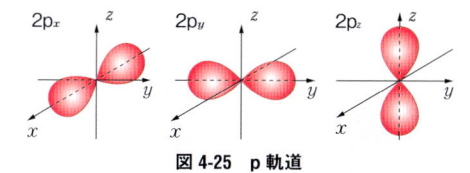

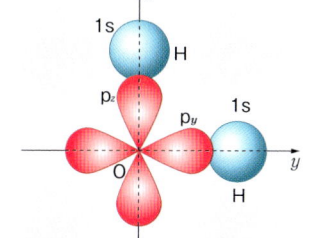

図 4-25 p 軌道

図 4-26 水分子の結合軌道

# 3 分子間力

## A 分子間力

$H_2$ や $N_2$, $CO_2$ など**無極性分子の分子間にはたらく弱い引力**を**ファンデルワールス力**という。ファンデルワールス力などの，**分子間にはたらく弱い引力**を**分子間力**という。分子間力は，イオン結合・共有結合・金属結合などの結合力に比べてはるかに弱い。

## B 分子間力の強弱

### ① 分子量の大小

構造が類似している物質では，**分子量が大きいほど**分子間力（ファンデルワールス力）が強くなり，**融点・沸点が高くなる。**

**例** 融点・沸点の高低
17族の単体：$F_2$（気体）＜ $Cl_2$（気体）＜ $Br_2$（液体）＜ $I_2$（固体）
14族の水素化合物：$CH_4$ ＜ $SiH_4$ ＜ $GeH_4$ ＜ $SnH_4$

---

**POINT**

**分子間力：分子間にはたらく弱い引力。**
⇨ **構造類似の物質では，分子量が大きいほど強く，融点・沸点が高くなる。**

構造が類似している物質では，分子量が大きいほどファンデルワールス力が強い。

---

### ② 極性の有無

**極性分子**は，分子間に静電気的な引力が加わるため，無極性分子に比べて分子間力が強くなり，**融点・沸点も高くなる。**

表4-9 無極性分子と極性分子の融点・沸点の例

|  | 分子量 | 融点 | 沸点 |
|---|---|---|---|
| $F_2$：無極性分子 | 38.0 | －220 ℃ | －188 ℃ |
| $HCl$：極性分子 | 36.5 | －114 ℃ | －85 ℃ |

## 4 水素結合

### Ⓐ水素結合

電気陰性度の大きい原子(F, O, N)の水素化合物がH原子をなかだちとして分子間につくる結合を**水素結合**という。

**❶ 水素結合をつくる物質**

フッ化水素 HF, 水 $H_2O$, アンモニア $NH_3$, アルコールやカルボン酸などの有機化合物。

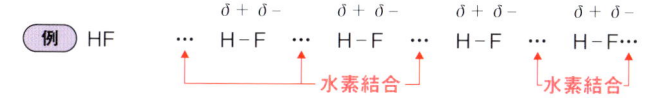

例　HF　　$\overset{\delta+\ \delta-}{H-F}$ … $\overset{\delta+\ \delta-}{H-F}$ … $\overset{\delta+\ \delta-}{H-F}$ … $\overset{\delta+\ \delta-}{H-F}$ …
　　　　　　　　　　└─水素結合─┘　　　　　└─水素結合─┘

**❷ 水素結合の強さ**

イオン結合・共有結合・金属結合よりはるかに弱いが，**分子間力より強い**。

### Ⓑ水素結合と物質の性質

分子量に比較して融点・沸点が異常に高い。

例　14～17族の水素化合物の分子量と沸点の関係について

a. 14族の $CH_4$～$SnH_4$ は，分子量が大きくなるにつれて沸点も高くなる。

b. 15族～17族元素の水素化合物については，15族の $NH_3$, 16族の $H_2O$, 17族の HF は分子間力に加え，水素結合を形成するため，各族の水素化合物中では分子量が最も小さいにもかかわらず，沸点が最も高くなっている。なお，$NH_3$, $H_2O$, HF 以外は，水素結合を形成せず，分子間力のみがはたらくので，分子量が大きくなると，沸点も高くなっている。

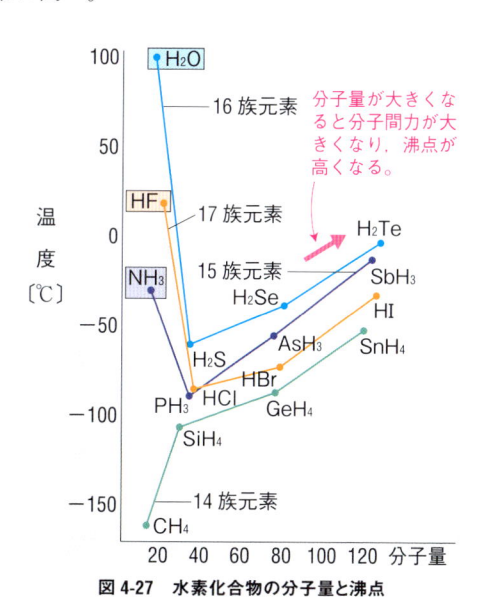

分子量が大きくなると分子間力が大きくなり，沸点が高くなる。

図 4-27　水素化合物の分子量と沸点

**例** 水は常温で液体であるが、分子量が同程度のメタンやネオンは気体である。

表 4-10 水の分子量に近い物質の融点・沸点と蒸発熱の比較

| 物　質 | 分子量 | 融点(℃) | 沸点(℃) | 蒸発熱(kJ/mol) |
|---|---|---|---|---|
| メタン $CH_4$ | 16.0 | －183 | －161 | 8.2 |
| 水 $H_2O$ | 18.0 | 0 | 100 | 40.7 |
| ネオン Ne | 20.2 | －249 | －246 | 1.8 |

**補足** 水の融点・沸点は、メタン・ネオンに比べて非常に高く、蒸発熱が大きい。水分子間の結合が、メタン・ネオンに比較して非常に強いことを示している。

**POINT**

水素結合：電気陰性度の大きい元素（F, O, N）の水素化合物の分子間に形成。
⇨ HF, $H_2O$, $NH_3$, その他アルコールなど。
⇨ 分子量に比較して沸点・融点が異常に高い。

「分子量に比較して沸点が異常に高い」とあれば、水素結合を思い出そう。

### 例題9　水素結合と沸点

次のア～オは、沸点の高低を示している。これらのうち誤っているものを2つ選べ。

ア　He ＜ Ne ＜ Ar
イ　$F_2$ ＜ $Cl_2$ ＜ $Br_2$
ウ　HF ＜ HCl ＜ HBr
エ　$CH_4$ ＜ $SiH_4$ ＜ $GeH_4$
オ　$NH_3$ ＜ $PH_3$ ＜ $AsH_3$

**解答**

アは希ガス、イはハロゲン単体がそれぞれ分子量の順なので、正しい。
ウは、HF が水素結合を形成するので、HCl ＜ HBr ＜ HF となる。
エは14族元素の水素化合物が分子量の順で、正しい。
オは、$NH_3$ が水素結合を形成するので、$PH_3$ ＜ $AsH_3$ ＜ $NH_3$ となる。

　　　ウ，オ　…答

## 5 水と水素結合

### Ⓐ 氷の構造

氷は，$H_2O$ 分子が規則正しく配列して結晶格子をつくっている。このとき**図 4-28** のように，$H_2O$ 分子中の O 原子を中心とした正四面体の重心から頂点に向かって水素結合がのび，**ダイヤモンド格子(p.66)に似た結晶構造**となっている。

### Ⓑ 水と氷の密度

水は結晶がくずれた状態であるが，氷の結晶格子は水の場合に比べてすき間が多い。このため**水の方が氷より密度が大きい**。

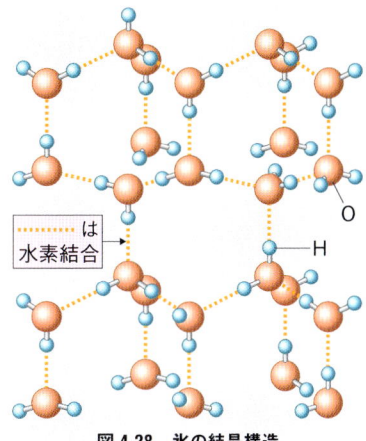

(補足) 0 ℃の水が氷になると，体積が約 9% 増加する。

図 4-28 氷の結晶構造

### Ⓒ 4 ℃の水の密度

0 ℃で氷が溶けて水になると，水素結合が部分的に切れて結晶のすき間に水が入り，体積が減少する。0 ℃ではまだ正四面体構造が残っていて，0 ℃から温度が上昇するにつれて，この構造が壊れ，水の体積が減少する。一方，温度が上昇すると水分子の熱運動が激しくなり，体積が増加する。この 2 つの相反する効果の兼ね合いで，**4 ℃の水の体積が最小となり，密度が最大となる**。

### Ⓓ 水溶性

**水は種々の物質をよく溶かす**。食塩などの電解質が水に溶けるのは，水分子が極性分子であるため，陽イオンや陰イオンを取り囲んで(これを水和という)，水に混じらせることによる。また，エタノールなどのアルコールを溶かすのは，**水分子がアルコール分子を水素結合によって水和する**ことによる。

# 8 金属の結晶構造

## 1 金属の結晶格子

　金属結晶は，金属原子が金属結合によって，規則正しく配列してできた結晶である。金属単体では，金属結合に方向性がないので，半径の等しい球(原子)を容器にきっちり詰めたような状態となる。その球(原子)の配列の仕方によって，次の3種類の結晶格子に大別される。

### Ⓐ 体心立方格子

　立方体の各頂点と立方体の中心に，原子が配列されている構造である。**各原子は8個の原子と接している(配位数 8)。**

例 Li, Na, K, Ba

補足 1個の原子が接する原子数を**配位数**という。

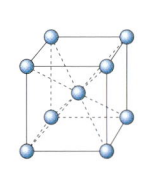

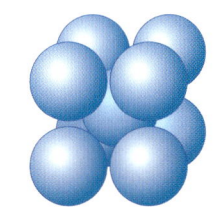

体心立方格子

### Ⓑ 面心立方格子

　立方体の各頂点と立方体の各面の中心に1個の原子が配列されている構造である。**各原子は12個の原子と接している(配位数 12)。**

例 Cu, Ag, Au, Pt

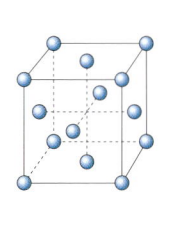

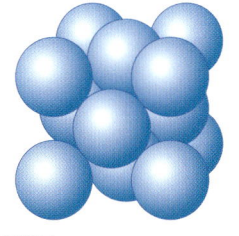

面心立方格子

### Ⓒ 六方最密構造

　7個の原子が1つの平面で密に配列している第1層に，そのくぼみにのるように3個の原子が配列し，その上に第1層と同じ位置に原子が配列した構造である。**各原子は12個の原子と接している(配位数 12)。**

例 Be, Mg, Zn, Cd

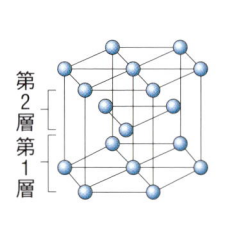

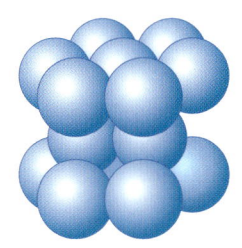

六方最密構造

表 4-11　金属の結晶格子（代表的なもののみを示す）

| | | | | | | | | | | |
|---|---|---|---|---|---|---|---|---|---|---|
| Li ● | Be ▲ | ▲：六方最密構造<br>■：面心立方格子<br>●：体心立方格子<br>✚：その他 | | | | | | | | |
| Na ● | Mg ▲ | | | | | | | | | |
| K ● | Ca ▲■ | Sc ▲ | Ti ▲● | V ● | Cr ▲● | Mn ✚ | Fe ■● | Co ▲■ | Ni ■ | Cu ■ | Zn ▲ |
| Rb ● | Sr ■ | Y ▲ | Zr ▲● | Nb ● | Mo ● | Tc ▲ | Ru ▲ | Rh ■ | Pd ■ | Ag ■ | Cd ▲ |
| Cs ● | Ba ● | La ▲■ | Hf ▲ | Ta ● | W ● | Re ▲ | Os ▲ | Ir ■ | Pt ■ | Au ■ | Hg ✚ |

**補足** 同じ金属が2つ以上の結晶格子となる場合がある。Feは温度を上げると906℃で体心立方格子から面心立方格子に変わる。

---

**POINT**

金属の結晶構造 ｛ 体心立方格子　…配位数 8<br>面心立方格子<br>六方最密構造 ｝ …配位数 12

金属結晶のほとんどは，この3つの結晶格子のいずれかである。
配位数とは，1個の原子が接する原子の数である。

---

### ❹ 結晶格子と単位格子

結晶中の規則正しい粒子（原子など）の配列構造を**結晶格子**といい，結晶格子の最小の繰り返し構造を**単位格子**という。

#### ✚プラスα　六方最密構造の単位格子

体心立方格子・面心立方格子の前ページの図は，それぞれの単位格子であるが，六方最密構造の前ページの図は単位格子ではない。六方最密構造の単位格子は右図のピンク部分である。

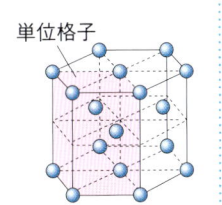

**補足**「六方最密格子」とよばないで「六方最密構造」とよぶのはこのためである。

## 2 単位格子の原子数

### Ⓐ 体心立方格子

立方体の頂点の原子は8つの単位格子の頂点をかねていて，それが8個ある。また，単位格子の中心に1個の原子がある。したがって，単位格子中の原子数は

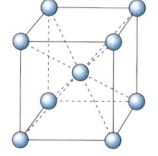

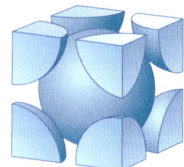

$$\frac{1}{8} \times 8 + 1 = 2 \text{ (個)}$$

### Ⓑ 面心立方格子

立方体の頂点の原子は8つの単位格子の頂点をかねていて，それが8個ある。また，単位格子の面の中心の原子は2つの単位格子をかねていて，それが6個ある。したがって，単位格子中の原子数は

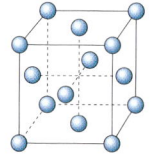

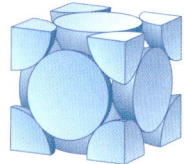

$$\frac{1}{8} \times 8 + \frac{1}{2} \times 6 = 4 \text{ (個)}$$

### Ⓒ 六方最密構造

六方最密構造の単位格子は，前ページの ➕プラスα より，体心立方格子と同様に頂点の原子が8個，中心の原子が1個として計算すればよい。したがって，単位格子中の原子数は2個である。

> **POINT**
> 
> **金属結晶構造の単位格子中の原子数**
> 　　　体心立方格子 ⇨ 2個
> 　　　面心立方格子 ⇨ 4個
> 
> 　六方最密構造の単位格子中の原子数は2個である。計算などで用いるのは，体心立方格子の2個と面心立方格子の4個で，六方最密構造はほとんど用いない。

### 例題10　単位格子と原子間の距離

ある金属の結晶構造は，面心立方格子であり，単位格子1辺は $3.52 \times 10^{-8}$ cm であった。隣接するこの金属の原子間距離（隣接する原子の中心間の距離）はどれだけか。$\sqrt{2} \fallingdotseq 1.41$ とする。

**解答**

右図から，1辺が $3.52 \times 10^{-8}$ cm の正方形の対角線の長さの $\dfrac{1}{2}$ が，隣接する金属の原子間距離に等しい。

対角線の長さは　$3.52 \times 10^{-8} \times \sqrt{2}$ cm

よって，この金属の原子間距離は

$$\dfrac{3.52 \times 10^{-8} \times \sqrt{2} \text{ cm}}{2} \fallingdotseq \mathbf{2.48 \times 10^{-8} \text{ cm}} \quad \cdots \text{答}$$

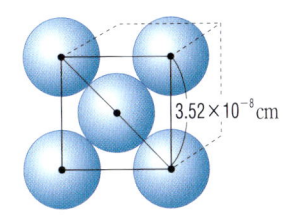

## 3 結晶構造と充填率

原子を球体とすると，前ページの図でわかるように球の間に空間ができる。**原子の球体が空間を占める体積の割合を充填率**といい，次のようになっている。

　　体心立方格子…68%（隙間：32%）
　　面心立方格子・六方最密構造…74%（隙間：26%）

**補足**　アルカリ金属は他の金属に比べて密度が小さい。その原因の1つは，アルカリ金属が体心立方格子の構造であることによる。

---

**参考　面心立方格子の充填率の求め方**

面心立方格子の充填率は次のようにして求めることができる。
原子球の半径を $r$ [cm] とすると，単位格子中の球の体積は，面心立方格子の単位格子中の原子数が4個であることから　$\dfrac{4}{3}\pi r^3 \times 4 = \dfrac{16}{3}\pi r^3$ [cm³]
単位格子の一辺を $l$ [cm] とすると　$2l^2 = (4r)^2$　より　$l = 2\sqrt{2}\ r$ [cm]（p.92発展参照）
単位格子の体積は　$l^3 = (2\sqrt{2}\ r)^3$ [cm³]

原子球の占める割合は　$\dfrac{\dfrac{16\pi r^3}{3}}{(2\sqrt{2}\ r)^3} \times 100 \fallingdotseq \mathbf{74}$ (%)　…答

表 4-12　金属の結晶構造

| | 体心立方格子 | 面心立方格子 | 六方最密構造 |
|---|---|---|---|
| 単位格子の構造 | | | |
| 配位数 | 8 | 12 | 12 |
| 単位格子中の原子数 | 2 | 4 | 2 |
| 充填率 | 68% | 74% | 74% |

## 発展　金属結晶の単位格子と原子半径

### 1 体心立方格子の原子半径

体心立方格子では，右図のように，単位格子の立方体の対角線の長さが原子球の直径の2倍となる。

いま，原子球の半径を$r$〔cm〕とすると，立方体の対角線の長さは$4r$〔cm〕。一方，単位格子の一辺の長さを$l$〔cm〕とすると三平方の定理より，立方体の対角線の長さは$\sqrt{3}\,l$〔cm〕となる。したがって

$$\sqrt{3}\,l = 4r \qquad 3l^2 = (4r)^2$$

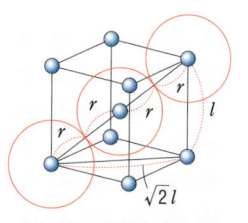

図4-29　体心立方格子

### 2 面心立方格子の原子半径

面心立方格子では，右図のように，単位格子の面の対角線の長さが原子球の直径の2倍となる。原子球の半径を$r$〔cm〕とすると，面の対角線の長さは$4r$〔cm〕，一方，単位格子の一辺の長さを$l$〔cm〕とすると，三平方の定理より，面の対角線の長さは$\sqrt{2}\,l$〔cm〕となる。したがって

$$\sqrt{2}\,l = 4r \qquad 2l^2 = (4r)^2$$

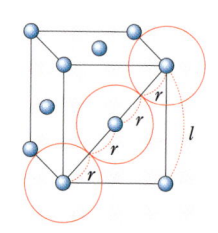

図4-30　面心立方格子

**補足**　原子球の半径は，原子が結合しているときの原子の半径に相当することから，**原子の結合半径**ともいう。

# この章で学んだこと

原子間の結合としてイオン結合，金属結合，共有結合を学習し，共有結合に関連して分子や電子式・配位結合に触れ，それぞれの結合からなる結晶，さらに分子間の結合として分子間力や水素結合へと発展した。一方，金属の結晶構造も学習した。

## 1 イオン結合と結晶
1. **イオン結合** 陽イオンと陰イオンの静電気的引力による結合。
   ➡ 金属元素と非金属元素の原子間の結合。
2. **イオン結晶** イオン結合による結晶。
   ➡ 加熱融解すると電気を通す。

## 2 金属結合と金属
1. **金属結合** 自由電子による結合。
   ➡ 金属元素の原子間の結合。
2. **金属(金属結晶)** 金属光沢あり。展性・延性に富む。電気をよく通す。

## 3 共有結合と結晶
1. **共有結合** 価電子を共有しあう結合。
   ➡ 非金属元素の原子間の結合。
2. **共有結合と分子** 原子間の共有結合によって分子をつくる。
3. **分子結晶** 分子間力による結晶。
   ➡ 融点が低く，もろい。
4. **共有結合の結晶** 共有結合が連続して1つの結晶をつくっているもの。
   ➡ 融点が非常に高い。

## 4 電子式と共有結合
1. **電子式** 元素記号のまわりに最外殻電子を点で表したもの。
2. **共有結合と電子式** 共有結合している電子対を共有電子対，共有結合していない電子対を非共有電子対という。
3. **電子式と構造式** 電子式で表した分子の共有電子対を1本の線で表した化学式が構造式で，線を価標という。

## 5 配位結合と錯イオン
1. **配位結合** 非共有電子対をほかの原子が共有する共有結合。
2. **錯イオン** 金属イオンに分子やイオンが配位結合してできたイオン。

## 6 分子間の結合
1. **電気陰性度** 原子が共有電子対を引き寄せる強さを表す数値。
2. **極性分子・無極性分子** 電荷のかたよりがある分子が極性分子，電荷のかたよりのない分子が無極性分子。
   (a) **無極性分子**：単体，直線形($CO_2$)，正四面体形：($CH_4$)
   (b) **極性分子**：2原子分子の化合物，折れ線形($H_2O$)，三角すい形($NH_3$)
3. **分子間力** 分子間にはたらく引力。
   ➡ 無極性分子間の分子間力をファンデルワールス力という。
   ➡ 弱い引力
4. **水素結合** 電気陰性度の大きい元素の水素化合物に形成される結合。
   ➡ $HF$, $H_2O$, $NH_3$

## 7 金属の結晶構造
1. **結晶格子** 体心立方格子，面心立方格子，六方最密構造
   (a) **体心立方格子** 配位数：8，単位格子中の原子数：2
   (b) **面心立方格子** 配位数：12，単位格子中の原子数：4
   (c) **六方最密構造** 配位数：12，単位格子中の原子数：2

## 確認テスト 4

解答・解説は p.187

**1** 次の(a)〜(f)の組み合わせのうち、原子の結合様式の異なるものはどれか。2つ選べ。
(a) NaCl, HCl　　　(b) $H_2O$, $NH_3$
(c) $MgCl_2$, CaO　　(d) $CCl_4$, $F_2$
(e) Cu, C　　　　　(f) KF, $Na_2O$

**2** 次の物質ア〜キについて、下の(1)〜(5)に当てはまるものをそれぞれすべて選び、ア〜キで答えよ。
ア $N_2$　　イ $Cl_2$　　ウ $H_2O$　　エ $CH_4$
オ $CaCl_2$　カ $CO_2$　キ $NH_3$
(1) イオン結合からなる。
(2) 非共有電子対をもたない。
(3) 非共有電子対を2対もつ。
(4) 二重結合をもつ。
(5) 三重結合をもつ。

**3** 次の元素について、下の(1)〜(4)に当てはまるものをそれぞれ1つ選び、元素記号で答えよ。
H　He　Li　Be　B　C　N
O　F　Ne　Na
(1) イオン化エネルギーの最も大きいもの。
(2) イオン化エネルギーの最も小さいもの。
(3) 電子親和力の最も大きいもの。
(4) 電気陰性度の最も大きいもの。

### ヒント

金属元素と非金属元素の原子間の結合はイオン結合。非金属元素の原子間の結合は共有結合。金属元素の原子間の結合は金属結合。

(1) 金属元素と非金属元素の化合物。
(2) 以下は電子式を書くことから始める。

元素の周期表で
・イオン化エネルギーは左・下ほど小さい。
・電子親和力は18族を除いて右ほど大きい。
・電気陰性度は、18族を除いて右・上ほど大きい。

4　次の2つの物質の組み合わせア～カについて，(1)～(3)に当てはまるものを選び，ア～カで答えよ。
ア　$H_2$，$CaO$
イ　$CO_2$，$CCl_4$
ウ　$HCl$，$HF$
エ　$NH_4Cl$，$[Ag(NH_3)_2]Cl$
オ　$NH_3$，$H_2O$
カ　$N_2$，$H_2S$
(1)　無極性分子である。
(2)　水素結合を形成する。
(3)　配位結合を含む。

> 無極性分子は，単体および結合の極性を打ち消しあうような立体構造をもつ分子。
> 錯イオンは，金属イオンに，分子やイオンが配位結合してできている。

5　表のA～Dは，次の物質のいずれかである。下の実験結果から，それぞれどれに当てはまるか。

〔物質〕　黒鉛，銅，ヨウ素，食塩

|  | A | B | C | D |
|---|---|---|---|---|
| 水に加えた | 溶けない | 溶けない | 溶けた | 溶けない |
| 電気を通じた | 通さない | 通した | 通さない | 通した |
| 加熱した | 気化した | 変化なし | 強熱で溶けた | 黒色になった |
| 展性・延性 | なし | なし | なし | あり |

> 黒鉛は共有結合の結晶であるが，例外的な性質をもつ。
> ヨウ素は分子結晶，食塩はイオン結晶である。

6　同じ金属元素の結晶格子が，次のa～cのように変化したとき，(1)，(2)に当てはまるのはどれか。
a．体心立方格子から面心立方格子へ
b．面心立方格子から体心立方格子へ
c．面心立方格子から六方最密構造へ
(1)　密度が大きくなる。
(2)　密度の変わらない。

> 3つの構造の充填率の大小を思い出そう。

第4章　物質と化学結合

# センター試験対策問題

解答・解説は p.188

**1** 次のa〜eにあてはまるものを，各解答群から選べ。

a 純物質でないもの
① ナフサ ② ミョウバン ③ ダイヤモンド
④ 氷 ⑤ 硫酸銅(Ⅱ)五水和物

b 単体でないもの
① アルゴン ② オゾン ③ ダイヤモンド
④ マンガン ⑤ メタン

c イオン化エネルギーが最も大きい原子
① P ② S ③ Cl ④ Ar ⑤ K

d 最外殻に電子を7個もつ原子
① B ② Cl ③ Mg ④ N ⑤ Ne

e 三重結合をもつ分子
① $N_2$ ② $O_2$ ③ $Cl_2$ ④ $C_2H_4$ ⑤ $H_2O_2$

**2** 水分子1個に含まれる陽子の数 $a$，電子の数 $b$ および中性子の数 $c$ の大小関係を正しく表しているものを，選べ。ただし，水分子は $^1H$ と $^{16}O$ からなるものとする。
① $a=b=c$ ② $a=b>c$ ③ $c>a=b$
④ $b=c>a$ ⑤ $a>b=c$ ⑥ $c=a>b$
⑦ $b>c=a$

**3** 次のa・bにあてはまるものを，各解答群から選べ。

a 最も多くの価標をもつ原子
① 窒素分子中のN ② フッ素分子中のF
③ メタン分子中のC ④ 硫化水素分子中のS
⑤ 酸素分子中のO

b 二重結合をもつ直線形分子
① $H_2O$ ② $CO_2$ ③ $NH_3$ ④ $C_2H_2$
⑤ $C_2H_4$

**ヒント**

イオン化エネルギーは元素の周期表の右側・上側の元素ほど大きい。最外殻に電子を7個もつ原子は，17族のハロゲン。

原子番号
＝陽子の数
＝電子数，
質量数＝陽子の数
　　　＋中性子の数
原子番号は，Hが1，Oが8。

単体は不対電子の数，水素の化合物では分子式のHの数に着目。

**4** イオンに関する記述として誤りを含むものを，次の①〜⑤のうちから1つ選べ。
① 原子がイオンになるとき，放出したり，受け取ったりする電子の数を，イオンの価数という。
② 原子から電子を取り去って，1価の陽イオンにするのに必要なエネルギーをイオン化エネルギーという。
③ イオン化エネルギーの小さい原子ほど陽イオンになりやすい。
④ 原子が電子を受け取って，1価の陰イオンになるときに放出するエネルギーを電子親和力という。
⑤ 電子親和力の小さい原子ほど陰イオンになりやすい。

> イオン化エネルギーは，加えるエネルギーであり，電子親和力は，発生するエネルギーである。

**5** 元素の性質に関する記述として正しいものを，次の①〜⑤のうちから1つ選べ。
① 同じ周期に属する元素の化学的性質はよく似ている。
② 典型元素の単体は，常温・常圧で気体か液体かのどちらかである。
③ 金属元素の単体は，すべて常温・常圧で固体である。
④ 1族元素の単体は，すべて常温・常圧で固体である。
⑤ 18族元素の単体は，すべて常温・常圧で気体である。

> 元素の化学的性質は，価電子の数によって決まる。
> 1族は水素とアルカリ金属，18族は希ガスである。

**6** 化学結合に関する記述として誤りを含むものを，次の①〜⑤のうちから1つ選べ。
① アンモニウムイオンの4種のN−H結合の性質は，たがいに区別できない。
② ナフタレン分子の原子間の結合は共有結合である。
③ 塩化ナトリウムの結晶はイオン結合からなる。
④ ダイヤモンドでは，炭素原子が共有結合でつながっている。
⑤ 金属ナトリウムでは，ナトリウム原子の価電子は，金属全体を自由に動くことができない。

> 一般に，金属元素と非金属元素の原子間の結合はイオン結合，非金属元素の原子間の結合は共有結合である。
> 金属結合は自由電子による結合である。

**7** 配位結合を含み，かつ別に1つの非共有電子対をもつものを，次の①～⑤のうちから1つ選べ。
① アンモニウムイオン　② 水酸化物イオン
③ オキソニウムイオン　④ 炭酸水素イオン
⑤ 酢酸イオン

電子式を書く。このとき，電子の点はHのまわりには2個，他の元素は8個である。

**8** 次の記述のうち，誤りを含むものを1つ選べ。
① 金属結合は1原子当たりの自由電子の数が多いほど結合が強い。
② 一本の共有結合は，一本の水素結合より強い結合である。
③ 黒鉛では自由に動く電子が存在するために電気をよく通す。
④ HFに比べて，HClの方がイオン結合性が強い。
⑤ 分子中の結合が極性を示しても極性分子であるとは限らない。

結合の極性が強いほどイオン結合性が強い。

**9** 分子間にはたらく力に関する記述として誤りを含むものを，次の①～⑤のうちから1つ選べ。
① 実在気体では分子間力がはたらいている。
② 1個の水分子は，隣接する水分子4個と水素結合をつくることができる。
③ メタン分子の間の分子間力は，水分子の間の水素結合の強さよりも強い。
④ 塩化水素は極性をもつので，分子間に静電気的な引力がはたらく。
⑤ 直鎖飽和炭化水素の炭素鎖が長くなると，分子間力が強くなる。

折れ線形の水分子のO原子に2つの水素結合を形成し，2つのH原子にそれぞれ1つの水素結合を形成する。
類似した構造の分子では，分子量が大きいほど分子間力が大きくなる。ただし，水素結合の結合力は分子量に関係なく，分子間力と比較して異常に強い。

# 第2部

# 物質の変化

**この部で学ぶこと**

1. 原子量・分子量と物質量
2. 化学反応式と量的関係
3. 溶液の濃度と固体の溶解度
4. 原子説と分子説
5. 酸・塩基とpH
6. 中和反応と量的関係
7. 酸化物と酸性・塩基性
8. 酸化と還元
9. 酸化剤・還元剤と反応
10. 金属のイオン化傾向

BASIC CHEMISTRY

# 第1章
# 原子量・物質量と化学反応式

## この章で学習するポイント

☐ 原子量・分子量・式量について
　☐ 原子量の意味とその基準
　☐ 同位体の相対質量・存在比からの原子量の求め方
　☐ 化学式と原子量から分子量・式量を導く

☐ 物質量について
　☐ 物質量(mol)・アボガドロ定数・モル質量
　☐ 物質量(mol)・粒子数・質量の関係
　☐ アボガドロの法則と $n$(mol) の気体の体積

☐ 化学反応式について
　☐ 化学反応式・イオン式
　☐ 化学反応式と物質量・質量・気体の体積の関係

☐ 溶液の濃度と固体の溶解度について
　☐ 質量パーセント濃度とモル濃度
　☐ 溶解度から冷却による結晶の析出量の求め方

☐ 原子説・分子説について
　☐ 基礎法則から原子説が考え出された流れ
　☐ 原子説と気体反応から分子説が考え出された流れ

# 1 原子量・分子量と物質量

## 1 原子量

### Ⓐ 原子の相対質量

質量数 12 の炭素原子($^{12}$C) 1 個の質量を 12 とし，これを基準として各原子 1 個の質量を表した数値が原子の**相対質量**である。

（例） $^{12}$C の質量は $1.9926 \times 10^{-23}$ g，$^{1}$H の質量は $1.6735 \times 10^{-24}$ g であるから，$^{1}$H の相対質量 $x$ は　$1.9926 \times 10^{-23}$ g $: 1.6735 \times 10^{-24}$ g $= 12 : x$　$x = 1.0078$

### Ⓑ 原子量と同位体

自然に存在する多くの元素には，いくつかの同位体が存在する。同位体の存在比は，それぞれの元素で一定である。**各元素の同位体の存在比に応じた相対質量の平均値**が元素の**原子量**である。

（例） 天然の炭素には，$^{12}$C（質量数 12 の炭素原子）が 98.93 %，$^{13}$C（質量数 13 の炭素原子）が 1.07 % 含まれ，その質量は，相対質量で，$^{12}$C は 12.000，$^{13}$C は 13.003 である。よって，炭素の原子量は，次のように計算される。

$$\text{炭素の原子量} = 12.000 \times \frac{98.93}{100} + 13.003 \times \frac{1.07}{100} \fallingdotseq 12.011$$

（補足） 原子の相対質量は，$^{12}$C $= 12$ を基準とした各原子(同位体)の質量で，元素の原子量は，$^{12}$C $= 12$ を基準とした天然の各元素の原子の質量(同位体の平均)である。

### 例題 11　原子量と同位体

天然の塩素には $^{35}$Cl が 75.5 %，$^{37}$Cl が 24.5 % 含まれる。塩素の原子量を求めよ。

**解答**

$^{35}$Cl，$^{37}$Cl の相対質量は，それぞれ 35.0，37.0 にほぼ等しいことから，塩素の原子量は　$35.0 \times \frac{75.5}{100} + 37.0 \times \frac{24.5}{100} \fallingdotseq$ **35.5**　…答

### POINT

$$\text{元素の原子量} = \left(\text{同位体の相対質量} \times \frac{\text{存在比(\%)}}{100}\right)\text{の和}$$

天然の各元素の同位体の存在比は一定であるから，原子量は存在比に応じた平均値で表す。

> **＋プラスα 相対質量≒質量数**
>
> 「同位体の相対質量≒質量数」から，次のように表される。
>
> 元素の原子量 ≒ $\left(\text{各同位体の質量数} \times \dfrac{\text{存在比(\%)}}{100}\right)$ の和
>
> (補足) 質量数＝原子番号＋中性子の数

## 2 分子量と式量

原子と同じように，分子やイオンなどの質量の大小を表すのに，**分子量**と**式量**がある。

### Ⓐ 分子量

分子の質量の大小を表した数値が分子量であり，その基準は原子量と同じで，$^{12}C=12$ である。したがって，**分子量は分子を構成する原子量の総和**である。

(例) 原子量 H＝1.0, O＝16.0, C＝12.0 とすると
　　$H_2O$ の分子量は　$1.0 \times 2 + 16.0 = 18.0$
　　$CO_2$ の分子量は　$12.0 + 16.0 \times 2 = 44.0$

### Ⓑ 式量

塩化ナトリウムや硫酸ナトリウムなどの結晶のように**分子をもたない物質**(イオン性物質)は，その成分元素の組成を示す**組成式を分子式の代わりに用いる**。そして組成式を構成している原子の原子量の総和を**式量(化学式量)**という。

$Na^+$，$SO_4^{2-}$ などのイオン式を構成している原子の原子量の総和を**イオンの式量**という。

(例) 原子量 Na＝23.0, Cl＝35.5, Ca＝40.0, S＝32.0 とすると
　　NaCl の式量は　$23.0 + 35.5 = 58.5$
　　$CaCl_2$ の式量は　$40.0 + 35.5 \times 2 = 111.0$
　　$SO_4^{2-}$ の式量は　$32.0 + 16.0 \times 4 = 96.0$

(補足) 分子式，組成式，イオン式などを総称して**化学式**という。

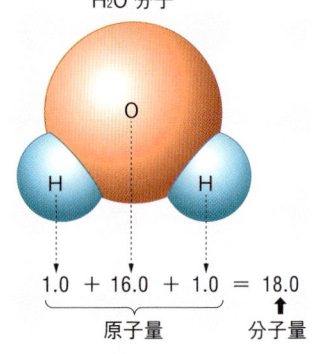

図1-1 水分子と原子量・分子量

$H_2O$ 分子
$1.0 + 16.0 + 1.0 = 18.0$
原子量　　　　　分子量

### 参考　原子量の基準の変遷

現在の**元素の原子量**は，各元素の**同位体の相対質量と存在比**から求められた**平均値**であり，各原子の相対質量は，**質量数 12 の炭素原子 1 個の質量 12 を基準**とした質量であるというが，単純には原子量は「$^{12}C=12$」が基準となっているといえる。

この基準はどのようにして定められたのか。また，いつから原子量が用いられてきたかなどを調べてみよう。

#### 1 ドルトンの原子量

イギリスの化学者ドルトンは，1803 年に「すべての物質は原子という分割できない粒子からできている」という原子説を発表したが，このときいくつかの元素に対応する原子の質量の比を発表している。これが原子量の始まりである。

ドルトンは**水素原子の質量(原子量)を 1** とし，これを基準として他の元素の原子の質量比(原子量)を求めた。

原子の質量比(原子量)を求めるにあたっては，反応量の精密な実測と，化合物をつくるとき，2 種の元素の原子数は 1：1 で化合するという仮定を設けた。

たとえば，水は $H_2O$ ではなく，水素と酸素の原子比が 1：1 であるから HO であるとした。

#### 2 ベルツェリウスの原子量

スウェーデンの化学者ベルツェリウスは，多数の化合物の組成を精密に測定し，1826 年に酸素の原子の質量 100 を基準とする原子量を発表した。

右の表はその一部である。（　）内の数値は，酸素 100 を 16.0 に換算したときの値であり，〔　〕の数値は，現在の元素の原子量である。

表 1-1　ベルツェリウスの原子量の例

| 酸　素 | 100 | (16.0) | 〔16.00〕 |
|---|---|---|---|
| 水　素 | 6.36 | (1.0) | 〔1.001〕 |
| 炭　素 | 75.1 | (12.0) | 〔12.01〕 |
| 窒　素 | 79.54 | (12.7) | 〔14.01〕 |
| 硫　黄 | 201.0 | (32.2) | 〔32.07〕 |

「酸素の原子の質量＝ 100」を基準

（　）と〔　〕の数値がほぼ等しいことから，ベルツェリウスの実験技術のすばらしさが推察できる。

#### 3 酸素の原子量 16 が基準に

ベルギーのスタスをはじめ，多くの化学者が原子量の精密な測定を行うとともに，原子量の基準についてもいろいろと提案・意見が出されたが，ドイツでは原子量委員会が組織された。

この委員会から，O＝16 を基準とする提案が出されたが，さらに国際委員会を組織し，1902 年にはこの国際委員会の手による O＝16 を基準とする国際原子量表が発表された。その後，H＝1 を基準とする意見も出され，しばらく決着がつかなかったが，O＝16 を基準とする方向に傾いていった。

（補足）日本の少し古い文献の多くは O＝16 を基準にした原子量である。

### 4 2種類の原子量

原子量の問題とは別に放射性元素の研究が始まり，その研究から，同位体の存在が発見され，酸素 O は質量数 16，17，18 の 3 種の同位体の混合物であることがわかった。

酸素が 3 種の同位体の混合物であることから，この混合物の酸素 O＝16 を基準とする考え方と質量数 16 の酸素 $^{16}$O＝16 を基準とすべきであるという考え方が出てきた。そして O＝16 を基準とする原子量は**化学的原子量**，$^{16}$O＝16 を基準とする原子量は**物理的原子量**とよばれ，化学では化学的原子量，物理では物理的原子量が用いられ，2 種類の原子量が使われるようになった。

(補足) 化学者の多くは，反応などで扱う酸素は同位体の混合物であるから，O＝16 を基準とするのでよいとしたのに対し，物理学者の多くは，$^{16}$O＝16 を基準とすべきだという意見であったことが，化学的・物理的とよばれる一因であった。

### 5 $^{12}$C＝12 の基準が誕生

化学的原子量と物理的原子量の 2 つを統一しようという機運が生まれ，両者に受け入れられる基準として，**質量数 12 の炭素原子の質量を 12 とし，$^{12}$C＝12 を基準**とする案が生まれた。そして，国際純正・応用化学連合(International Union of Pure and Applied Chemistry；IUPAC) と国際純粋・応用物理学連合(International Union of Pure Applied Physics；IUPAP)において，$^{12}$C＝12 を基準とすることに統一され，現在に至っている。

## 3 物質量(mol)

### Ⓐ mol（モル）と物質量

質量数 12 の炭素原子($^{12}$C) 12 g 中に含まれる炭素原子($^{12}$C)と同数の**粒子(原子・分子・イオン)** の集団を **1 mol（モル）** といい，mol を単位とする物質の量を**物質量**という。

### Ⓑ アボガドロ定数

1 mol あたりの粒子の数を**アボガドロ定数** $N_A$ という。

$$N_A = 6.02 \times 10^{23}/\text{mol} \qquad 物質量(\text{mol}) = \frac{粒子の数}{6.02 \times 10^{23}/\text{mol}}$$

(補足) 原子・分子・イオン 1 mol 中の原子・分子・イオンの数は，それぞれ $6.02 \times 10^{23}$ 個。

## ❸ モル質量

物質 1 mol あたりの質量(g)を**モル質量**といい，原子量・分子量・式量に g/mol の単位をつけたものである。

$$物質量(\text{mol}) = \frac{質量(\text{g})}{モル質量(\text{g/mol})}$$

**補足** 原子量・分子量・イオンの式量 $M$ のモル質量は $M$ 〔g/mol〕。

〔原子 1 mol〕
Al 1 mol
(Al の原子量 27.0)

Al 原子 $6.02 \times 10^{23}$ 個　27.0 g

アルミニウムの粉末

〔分子 1 mol〕
H₂O 1 mol
(H₂O の分子量 18.0)

H₂O 分子 $6.02 \times 10^{23}$ 個　18.0 g + ビーカーの質量

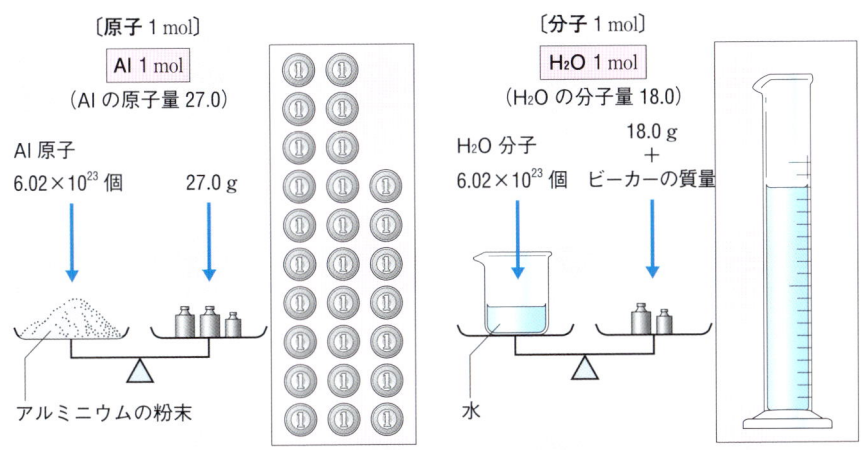

水

図 1-2　原子 1 mol と分子 1 mol

## ❹ 分子のない物質のモル質量

塩化ナトリウム NaCl のように分子の存在しない物質については，化学式量が分子量に相当することから，その式量に g をつけた質量がモル質量である。

NaCl の式量は 58.5 であるから，NaCl のモル質量は 58.5 g/mol である。

### 例題12　原子・分子・組成式と物質量

次の(1)〜(3)に答えよ。ただし，原子量は H=1.0，O=16.0，Al=27.0，Cl=35.5，Ca=40.0，アボガドロ定数は $6.0 \times 10^{23}$/mol とする。

(1)　アルミニウムが 5.4 g ある。このアルミニウムの物質量は何 mol か。また，この中に含まれるアルミニウム原子の数はどれだけか。

(2)　水 45 g 中に水分子は何個含まれているか。

(3)　塩化カルシウム CaCl₂ が 11.1 g ある。この塩化カルシウムの物質量は何 mol か。また，この中のイオンの総数はどれだけか。

**解答**

(1) アルミニウムのモル質量は 27.0 g/mol であるから,

アルミニウム 5.4 g の物質量は $\dfrac{5.4\text{ g}}{27.0\text{ g/mol}} =$ **0.20 (mol)** …答

アルミニウム原子の数は

$6.0 \times 10^{23}/\text{mol} \times 0.20\text{ mol} =$ **$1.2 \times 10^{23}$ (個)** …答

(2) $H_2O$ の分子量 18.0 から,$H_2O$ のモル質量は 18.0 g/mol である。よって,4.5 g 中の分子の数は $6.0 \times 10^{23}/\text{mol} \times \dfrac{4.5\text{ g}}{18.0\text{ g/mol}} =$ **$1.5 \times 10^{23}$ (個)** …答

(3) $CaCl_2$ の式量 111.0 から,$CaCl_2$ のモル質量は 111.0 g/mol である。よって,

11.1 g の物質量は $\dfrac{11.1\text{ g}}{111\text{ g/mol}} =$ **0.10 (mol)** …答

$CaCl_2 \longrightarrow Ca^{2+} + 2Cl^-$ から,イオンの総物質量は $0.10 \times 3 = 0.30$ (mol)

イオンの総数は $6.0 \times 10^{23} \times 0.30 =$ **$1.8 \times 10^{23}$ (個)** …答

---

**POINT**

原子 / 分子 / イオン  $n$ (mol) ⇨ $6.02 \times 10^{23} n$ 個 ⇨ $nM$ (g), $M$ { 原子量 / 分子量 / 式量 }

$6.02 \times 10^{23}$ 個の粒子の集団が 1 mol であり,そのモル質量は,原子量・分子量を $M$ とすると $M$ (g/mol)。また,分子のない物質の式量が $M$ のときは,$M$ (g/mol) がモル質量である。

## 4 アボガドロの法則

アボガドロの法則は

「気体の種類に関係なく,同温・同圧の気体は,同体積中に同数の分子を含む」

のように表される。

アボガドロの法則から,次のような関係が導かれる。

❶ 同温・同圧の気体の密度は,分子量に比例する。

❷ 分子量 $M_A$ の気体Aに対する気体Bの同温・同圧における質量比(比重)が $s$ であるとき,気体Bの分子量を $M_B$ とすると, $M_A : M_B = 1 : s$

### 例題13 気体の密度と分子量

原子量 N=14, H=1, S=32, O=16, C=12 として次の問いに答えよ。

(1) 次の(a)～(e)の気体のうち，最も重いものと最も軽いものを選べ。
　　(a) $NH_3$　　(b) $SO_2$　　(c) $C_2H_4$　　(d) $N_2$　　(e) $CO_2$

(2) ある気体の密度は酸素の 0.5 倍であった。この気体の分子量を求めよ。

**解答**

(1) 質量比は分子量比に等しいから，分子量の最も大きいものが最も重く，最も小さいものが最も軽い。分子量は，$NH_3$=17，$SO_2$=64，$C_2H_4$=28，$N_2$=28，$CO_2$=44 であるから，最も重いものは **(b) $SO_2$** …答

最も軽いものは **(a) $NH_3$** …答

(2) $O_2$ の分子量 32 から　　$32×0.5$=**16** …答

---

**POINT**　同温・同圧・同体積の気体間の質量比 ＝ 分子量比

すべての気体は，同温・同圧で同体積中に同数の分子を含むから，その質量比は分子量比に等しくなる。

---

## 5 気体と物質量

アボガドロの法則は

「**気体の種類に関係なく，同温・同圧で，同数の分子は同体積を占める**」

といいかえることができる。

そこで，同温・同圧として 0 ℃，1 気圧($1.013×10^5$ Pa)，同数の分子として 1 mol の気体分子をとると，占める体積は気体の種類に関係なく，22.4 L である。

**0 ℃，1 気圧($1.013×10^5$ Pa)** を **標準状態** といい，「標準状態で，1 mol の気体の体積は **22.4 L** を占める」。

(補足) $1.013×10^5$ Pa（パスカル）＝ 1 気圧(atm) ＝ 760 mmHg

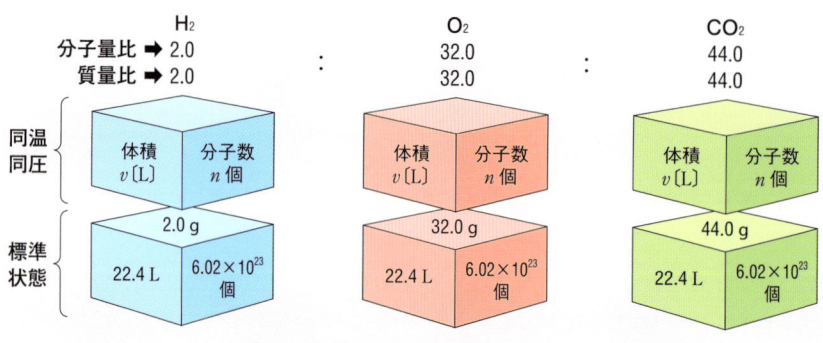

|  | H₂ | O₂ | CO₂ |
|---|---|---|---|
| 分子量比 → | 2.0 : | 32.0 : | 44.0 |
| 質量比 → | 2.0 : | 32.0 : | 44.0 |

同温同圧：体積 $v$ [L]，分子数 $n$ 個

標準状態：22.4 L，$6.02 \times 10^{23}$ 個
- H₂: 2.0 g
- O₂: 32.0 g
- CO₂: 44.0 g

図1-3　アボガドロの法則と1 mol の気体

### 例題14　標準状態の気体と物質量

標準状態で 280 mL の気体がある。この気体について，次の(1)～(3)を求めよ。ただし，アボガドロ定数は $6.0 \times 10^{23}$/mol，原子量 O＝16.0 とする。

(1) この気体中の分子の数は何個か。
(2) この気体が酸素であるとすると，質量はどれだけか。
(3) この気体の質量が 0.55 g とすると，分子量はどれだけか。

**解答**

気体 1 mol は，体積が 22.4 L＝$22.4 \times 10^3$ mL，分子の数が $6.0 \times 10^{23}$ 個，質量が，分子量 $M$ とすると $M$ [g] であるから，次のような比例式が成り立つ。

(1) 分子の数を $x$ とすると
 $22.4 \times 10^3 : 280 = 6.0 \times 10^{23} : x$　　$x = \mathbf{7.5 \times 10^{21}}$ [個] …**答**

(2) 質量を $w$ [g] とすると，O₂＝32.0 より
 $22.4 \times 10^3 : 280 = 32.0 : w$　　$w = \mathbf{0.40}$ [g] …**答**

(3) 分子量を $M$ とすると　$280 : 22.4 \times 10^3 = 0.55 : M$　　$M = \mathbf{44}$ …**答**

---

**POINT**

気体 $n$ [mol] $\begin{cases} n \times M \text{ [g]} \ (M: 分子量) \\ 6.02 \times 10^{23} \times n \text{ [個]} \end{cases}$ ＝ $22.4 \times n$ [L]（標準状態）

気体 1 mol は，標準状態で 22.4 L を占め，その質量は分子量 $M$ のとき $M$ [g] であり，分子数は $6.02 \times 10^{23}$ 個である。よって，$n$ [mol] ではこれらの $n$ 倍となる。

# 2 化学反応式と量的関係

## 1 物質の変化と化学反応式

### Ⓐ 物理変化と化学変化

物理変化は，化学式が変わらずに，物質の状態が変化することである。化学変化は，化学式が変わり，物質そのものが他の物質に変化することである。

化学変化のことを**化学反応**，または単に**反応**という。

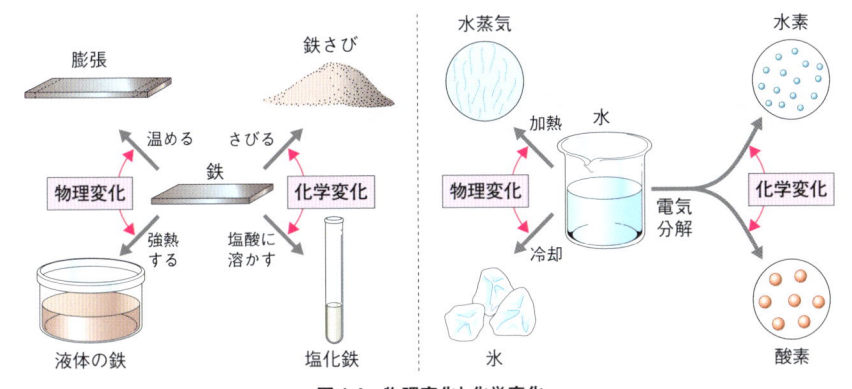

**図1-4 物理変化と化学変化**

### Ⓑ 化学反応式

物質は分子式や組成式などの化学式で示すことができる。そして，物質が化学変化すると，その化学式も当然変化する。このような**物質の化学変化を化学式で表したものが化学反応式**である。

### Ⓒ 化学反応式の書き方

次の❶，❷のように書く。
❶ 反応前の物質（**反応物**）の化学式を左辺に，反応によって生成する物質（**生成物**）を右辺に書き，それぞれの化学式を＋で，両辺を ⟶ で結ぶ。
❷ 左辺の各元素の原子数の和と，右辺の各元素の原子数の和を等しくするために化学式を何倍かする。この化学式の前の数値を**係数**といい，両辺の原子数を等しくすることを「**係数をあわせる**」という。

> 例　水素 $H_2$ を空気中（$O_2$）で燃焼させると，水 $H_2O$ が生成する。
> $$H_2 + O_2 \longrightarrow H_2O$$
> H と O の両辺の原子数を等しくし，「係数をあわせる」と次のようになり，化学反応式が完成する。
> $$2H_2 + O_2 \longrightarrow 2H_2O$$

## D 係数の求め方

化学反応式の係数は，ふつうは暗算で求めるが，複雑な場合は，次のような未定係数法によって求める。

### 〈未定係数法〉

係数に $x$, $y$, …… などと未知数をおき，各元素の原子について $x$, $y$, ……を含む方程式をつくり，これらの連立方程式を解いて $x$, $y$, ……を求める。このような方法を**未定係数法**という。

> 例　次のように，係数を $x$, $y$, ……とおく。
> $$x\,MnO_2 + y\,HCl \longrightarrow z\,MnCl_2 + u\,H_2O + v\,Cl_2$$
> 各元素の原子について，方程式をつくる。
>
> Mn について　$x=z$ …①　　　　H について　$y=2u$ …③
> O について　$2x=u$ …②　　　　Cl について　$y=2z+2v$ …④
>
> 以上の4つの方程式だけでは，未知数が5つであるから解けない。そこで，かりに $x=1$ とおく（最も小さいと思われる未知数を1とおく）。
> よって，①，②，③，④より　$z=1$, $u=2$, $y=4$, $v=1$
> ゆえに，化学反応式は次のように示される。
> $$MnO_2 + 4HCl \longrightarrow MnCl_2 + 2H_2O + Cl_2$$

> 補足　係数に分数ができた場合は，両辺を何倍かして整数にする。

## E イオン反応式

塩化ナトリウム水溶液に硝酸銀水溶液を加える化学反応式は
$$NaCl + AgNO_3 \longrightarrow AgCl\downarrow + NaNO_3$$
のように表されるが，塩化ナトリウムも硝酸銀も水溶液中ではイオンに分かれて存在し，また，生成した $NaNO_3$ もイオンに分かれているため，反応したのは
$$Ag^+ + Cl^- \longrightarrow AgCl\downarrow$$
このように，イオン間での反応を表したものを**イオン反応式**という。

> 補足　イオン反応式では，各元素の原子数と電荷の和が等しくなるように係数をあわせる。

**例題15　未定係数法**

次の化学反応式の係数 $x$, $y$, ……を未定係数法で求めよ。

$$x\,\text{Cu} + y\,\text{HNO}_3 \longrightarrow z\,\text{Cu(NO}_3)_2 + u\,\text{NO} + v\,\text{H}_2\text{O}$$

**解答**

Cu について　$x=z$,　　H について　$y=2v$,
N について　$y=2z+u$,　　O について　$3y=6z+u+v$

$x=1$ のとき，連立方程式を解くと

$$z=1,\quad y=\frac{8}{3},\quad u=\frac{2}{3},\quad v=\frac{4}{3}$$

よって，3倍すると　$x=3$, $y=8$, $z=3$, $u=2$, $v=4$

$$3\text{Cu} + 8\text{HNO}_3 \longrightarrow 3\text{Cu(NO}_3)_2 + 2\text{NO} + 4\text{H}_2\text{O} \quad \cdots \text{答}$$

## 2 化学反応式の表す量的関係

### Ⓐ 化学反応式の表す量的関係

化学反応式は，物質の変化だけでなく，次の例のように量的関係も表す。

**例**

|  | $N_2$ | $+$ | $3H_2$ | $\longrightarrow$ | $2NH_3$ |
|---|---|---|---|---|---|
| 分子数 ➡ | 1個 | | 3個 | | 2個 |
| 物質量 ➡ | 1 mol | | 3 mol | | 2 mol |
| 質量 ➡ | 28.0 g | | 2.0 g×3 | | 17.0 g×2 |
| （分子量） | (28.0) | | (2.0) | | (17.0) |
| 気体の 標準状態 ➡ | 22.4 L | | 22.4 L×3 | | 22.4 L×2 |
| 体積 同温・同圧 ➡ | 1 | : | 3 | : | 2 |

### Ⓑ 化学計算の基本

化学反応式を用いて，反応物や生成物の質量や気体の体積を求める場合は，「**係数比＝物質量(mol)比**」の関係から，物質量(mol)の関係を導き，「**物質量(mol)を基準**」にして質量や気体の体積を求めて，比例計算する。

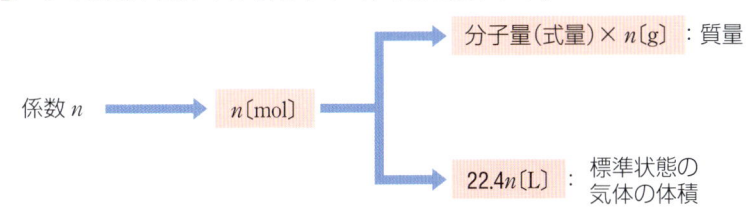

係数 $n$ ➡ $n$〔mol〕 ➡ 分子量(式量)×$n$〔g〕：質量
　　　　　　　　　　➡ $22.4n$〔L〕：標準状態の気体の体積

> **POINT** 化学反応式の計算は「係数比＝物質量(mol)比」から
>
> 物質量(mol)は，化学反応式の係数から求める。分子量(式量)$M$の物質 $n$〔mol〕の質量は $nM$〔g〕，気体の場合は $22.4n$〔L〕(標準状態)。

### ⓒ 化学反応式と質量・体積計算

次のような順序で求める。

① まず，化学反応式を書く。

② 次に，係数から，反応・生成する物質の物質量(mol)比を導く。

③ この物質量(mol)と分子量(式量)から質量を，また，1 mol の気体が 22.4 L (標準状態)を占めることから体積を求め，質量関係または質量と体積の関係を導く。

④ これらの関係と，与えられた質量または体積から，比例計算によって求める。

**例題16** 化学反応式の表す量的関係

3.00 % の過酸化水素水 100 g に酸化マンガン(Ⅳ)を加えたとき，何 g の酸素が発生するか。また，標準状態で何 L の酸素が発生するか。ただし，原子量は，H＝1.0，O＝16.0 とする。

**解答**

$$2H_2O_2 \longrightarrow 2H_2O + O_2$$

| | | | |
|---|---|---|---|
| 物質量 ⇨ | 2 mol | | 1 mol |
| 質　量 ⇨ | 34.0 g×2 | | 32.0 g |
| 体　積 ⇨ | | | 22.4 L (標準状態) |

3.00 % の過酸化水素水 100 g 中の $H_2O_2$ は $100 \times \dfrac{3.00}{100} = 3.00$〔g〕

発生する酸素を $x$〔g〕とすると $34.0 \times 2 : 32.0 = 3.00 : x$

$$x = 1.41 \text{〔g〕} \quad \cdots \text{答}$$

発生する酸素を $y$〔L〕とすると $34.0 \times 2 : 22.4 = 3.00 : y$

$$y = 0.988 \text{〔L〕} \quad \cdots \text{答}$$

## 実験 化学反応式と量的関係

**目的** 炭酸カルシウムを塩酸に加えて二酸化炭素を発生させ，炭酸カルシウムと発生する二酸化炭素の量的関係を調べる。

### 実験手順

1. 100 mL のビーカーに 6 mol/L の塩酸を約 30 mL とり，ビーカーを含めた全体の質量 $w_1$〔g〕を天秤ではかる。
2. 粉末の炭酸カルシウム 3.0 g を天秤ではかりとる。
3. ❶の塩酸に❷の炭酸カルシウムを少量ずつ加えて完全に反応させる。
4. 反応後のビーカーを含めた全体の質量 $w_2$〔g〕を天秤ではかる。

※モル濃度(mol/L)については，p.114 を参照。

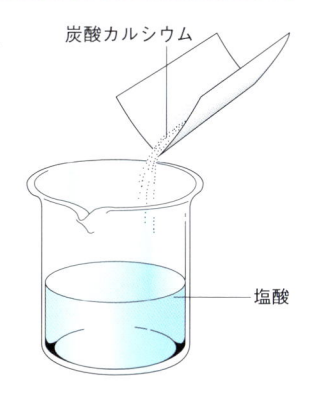

### 結果

$w_1$＝80.1 g    $w_2$＝81.8 g

### 考察

炭酸カルシウム $CaCO_3$ のモル質量は，C＝12，O＝16，Ca＝40 より 100 g/mol
よって 3.0 g の $CaCO_3$ の物質量は

$$\frac{3.0 \text{ g}}{100 \text{ g/mol}} = 0.03 \text{ mol}$$

発生した二酸化炭素 $CO_2$ の質量は　(80.1＋3.0)−81.8＝1.3〔g〕

$CO_2$ のモル質量は 44.0 g/mol より，1.3 g の物質量は

$$\frac{1.3 \text{ g}}{44.0 \text{ g/mol}} \fallingdotseq 0.03 \text{ mol}$$

したがって，$CaCO_3$ 1 mol から $CO_2$ 1 mol が発生した。
よって，次の反応式における「係数比＝物質量(mol)比」の関係が確かめられる。

　　　$\underline{CaCO_3}$ ＋ 2HCl ⟶ $CaCl_2$ ＋ $H_2O$ ＋ $\underline{CO_2}$

# 3 溶液の濃度と固体の溶解度

## 1 溶液の濃度の表し方

### Ⓐ 質量(重量)パーセント濃度(％)

溶液 100 g あたりに溶けている溶質の g 数を表す。

$$\text{質量パーセント濃度(\%)} = \frac{\text{溶質の質量(g)}}{\text{溶液の質量(g)}} \times 100 (\%)$$

(補足) **溶液**：溶媒＋溶質(食塩水), **溶媒**：溶かす液体(水), **溶質**：溶ける物質(食塩)

溶媒 $w$ [g] に溶質 $m$ [g] を溶かした場合 ➡ $\dfrac{m}{w+m} \times 100 (\%)$

### Ⓑ モル濃度(mol/L)

**溶液 1 L あたりに溶けている溶質の物質量(mol)** を表す。

$$\text{モル濃度(mol/L)} = \frac{\text{溶質の物質量(mol)}}{\text{溶液の体積(L)}}$$

いま, 溶液 $v$ [L] 中に溶質が $m$ [mol] 溶けている溶液のモル濃度 $x$ は

$$v : m = 1 : x \qquad x = \frac{m}{v} \text{[mol/L]}$$

(補足) モル濃度には体積モル濃度と質量モル濃度の2種があり, 上記は体積モル濃度で, 単に「モル濃度」といえば体積モル濃度を指す。質量モル濃度は溶媒 1 kg あたりに溶けている溶質の物質量(mol)を表す。

---

**例題17　モル濃度**

水酸化ナトリウム 4.0 g を水に溶かして 200 mL としたときの水酸化ナトリウム水溶液のモル濃度を求めよ。NaOH の式量は 40.0 とする。

**解答**

NaOH のモル質量は 40.0 g/mol であるから, NaOH 4.0 g の物質量は

$$\frac{4.0 \text{ g}}{40.0 \text{ g/mol}} = 0.10 \text{ mol} \qquad \text{モル濃度を } x \text{[mol/L] とすると}$$

200 mL : 0.10 mol = 1000 mL : $x$ 　　$x = 0.50$ [mol] 　　**答 0.50 mol/L**

## 2 濃度の換算

質量パーセント濃度 $a$〔%〕（密度 $d$〔g/mL〕）のモル濃度 $x$ を求める場合（溶質の分子量 $M$）。まず，溶液 1 L 中の溶質の質量 $w$〔g〕は

$$w〔g〕= d〔g/mL〕\times 1000 \text{ mL} \times \frac{a}{100}$$

$w$〔g〕の物質量 $=\dfrac{w}{M}$〔mol〕より　$x=\dfrac{w}{M}$〔mol/L〕

### 例題18　濃度の換算

濃度 96.0%（質量パーセント濃度）の濃硫酸の密度は 1.84 g/mL である。この濃硫酸のモル濃度はどれだけか。原子量 H＝1.0，O＝16.0，S＝32.0

**解答**

$H_2SO_4$ のモル質量 98.0 g/mol から，溶液 1 L（1000 mL）中の $H_2SO_4$ の物質量は

$1.84 \text{ g/mL} \times 1000 \text{ mL} \times \dfrac{96.0}{100} \times \dfrac{1}{98.0 \text{ g/mol}} ≒ 18.0 \text{ mol}$　　**答　18.0 mol/L**

---

**POINT**　「質量パーセント濃度 ⇄ モル濃度」の換算は，溶液 1 L から

質量パーセント濃度からモル濃度への換算は，溶液 1 L 中の溶質の質量を，モル濃度から質量パーセント濃度への換算は，溶液 1 L の質量とその溶質の質量をまず導く。

## 3 固体の溶解度

### A 溶解度

一定量の溶媒に溶ける溶質の量を示した数値が**溶解度**であり，一般に，**溶媒 100 g に溶ける溶質の g 数**で表す。

溶解度は温度によって変化する。**温度と溶解度の関係を示す曲線を溶解度曲線**という。

**補足**　溶媒に，溶質が溶解度まで溶けた溶液を**飽和溶液**，溶質が溶解度まで溶けていない溶液を**不飽和溶液**という。

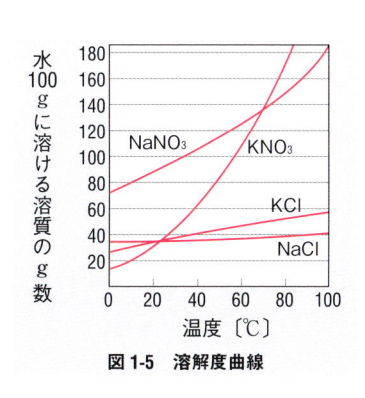

図1-5　溶解度曲線

## ⓑ溶解度曲線と結晶の析出

80 ℃の水 100 g に硝酸カリウム KNO₃ 110 g を溶かした。**図 1-6** では A で不飽和溶液である。この溶液を冷却すると，60 ℃で B に達し，飽和溶液となる。さらに冷却すると，B から C に向かい，結晶が析出し始める。20 ℃まで冷却したとすると，C-D 間が析出量に相当するから，析出した KNO₃ は

110 g－31.6 g＝78.4 g　である。

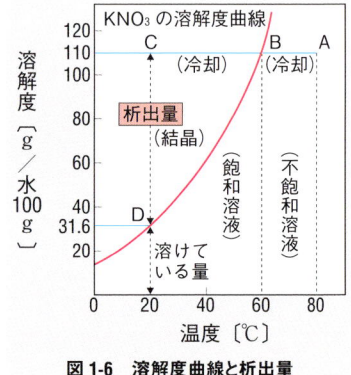

**図 1-6** 溶解度曲線と析出量

---

### 例題 19　冷却による結晶の析出量

60 ℃の塩化カリウム飽和水溶液 400 g を 20 ℃まで冷却すると，何 g の塩化カリウムの結晶が析出するか。ただし，水 100 g に対する塩化カリウムの溶解度(g)を 60 ℃で 45.5，20 ℃で 34.0 とする。

**解答**

60 ℃の飽和水溶液(100＋45.5)g を 20 ℃まで冷却したとき，析出する塩化カリウムの結晶は(45.5－34.0)g である。求める塩化カリウムの結晶の析出量を $x$〔g〕とすると

$(100＋45.5):(45.5－34.0)＝400:x$　　$x≒$ **31.6〔g〕**　…**答**

---

**POINT**　飽和溶液 $W$〔g〕を冷却したとき，析出する結晶は $x$〔g〕
（100＋初めの溶解度）:（溶解度の差）＝ $W:x$

---

## ⓒ水和水を含む結晶

CuSO₄・5H₂O のように水和水を含む結晶のとき：
- 水に溶解する場合は，水和水の質量だけ水が増加する。
- 水溶液から析出する場合は，水和水の質量だけ水が減少する。

# 4 原子説と分子説

## 1 化学の基礎法則と原子説

### Ⓐ 質量保存の法則
フランスのラボアジェが 1774 年に発見。
**「化学変化において，反応前と反応後の総質量は，たがいに等しい。」**

### Ⓑ 定比例の法則
フランスのプルーストが 1799 年に発見。
**「ある化合物の成分元素の質量比は，つねに一定である。」**

> **例** 水を構成している成分元素の質量比は，つねに，水素：酸素＝ 1：8

### Ⓒ ドルトンの原子説
イギリスのドルトンは，上記の 2 つの法則が成り立つ理由を説明するために，1803 年，次のような原子説を発表した。

① すべての物質は，原子という基本的な粒子からできている。
② 同じ元素の原子は，質量や性質が等しく，異なる元素の原子は異なる。
③ 化合物は，異なる元素の原子が決まった数の割合で集合している。
④ 化学変化は，原子の組み合わせが変わるだけで，原子は変化しない。

| 水素 | ● | (H) | 硫黄 | ⊕ | (S) | 金 | Ⓖ | (Au) | 水 | ●○ | ($H_2O$) |
| 酸素 | ○ | (O) | リン | (P) | | 亜鉛 | Ⓩ | (Zn) | 一酸化炭素 | ●○ | (CO) |
| 窒素 | ◐ | (N) | 銅 | Ⓒ | (Cu) | 鉄 | Ⓘ | (Fe) | 二酸化炭素 | ○●○ | ($CO_2$) |
| 炭素 | ● | (C) | 銀 | Ⓢ | (Ag) | 水銀 | (Hg) | | 二酸化硫黄 | ○⊕○ | ($SO_2$) |

**図 1-7 ドルトンの原子記号**

> **補足** 1. ドルトンは原子を球形と考えて，**図 1-7** のような円形で原子を表した。これが，現在の元素記号(原子記号)の基礎となった。(　)内は現在の元素記号。
> 2. ドルトンは，この原子記号を用いて，**図 1-7** の右の列のように化合物を表した。

### Ⓓ 倍数比例の法則

ドルトンは原子説の証明のために,次のような法則を推定し,実験で確かめた。

「A,B 2種の元素が,2種以上の化合物をつくるとき,元素 A の一定質量と化合する元素 B の質量の間には,簡単な整数比が成り立つ。」

> 例 炭素 C と酸素 O の 2 種の元素からなる 2 種の化合物 CO と $CO_2$ では一定質量の C と化合する O の質量比は 1:2 となる。

## 2 気体反応の法則と分子説

### Ⓐ 気体反応の法則

フランスのゲーリュサックが 1808 年に発見。

「気体間の反応では,同温・同圧のもとでそれらの気体の体積間に簡単な整数比が成り立つ。」

> 例 水素と酸素が反応して水蒸気ができるときの体積比は 水素:酸素:水蒸気=2:1:2

### Ⓑ アボガドロの分子説

イタリアのアボガドロは気体反応の法則を説明するために,分子説を発表した。

❶ 気体は,いくつかの原子が集まってできた分子という粒子からなる。

❷ 同温・同圧では,気体の種類に関係なく,同体積中に同数の分子を含む。

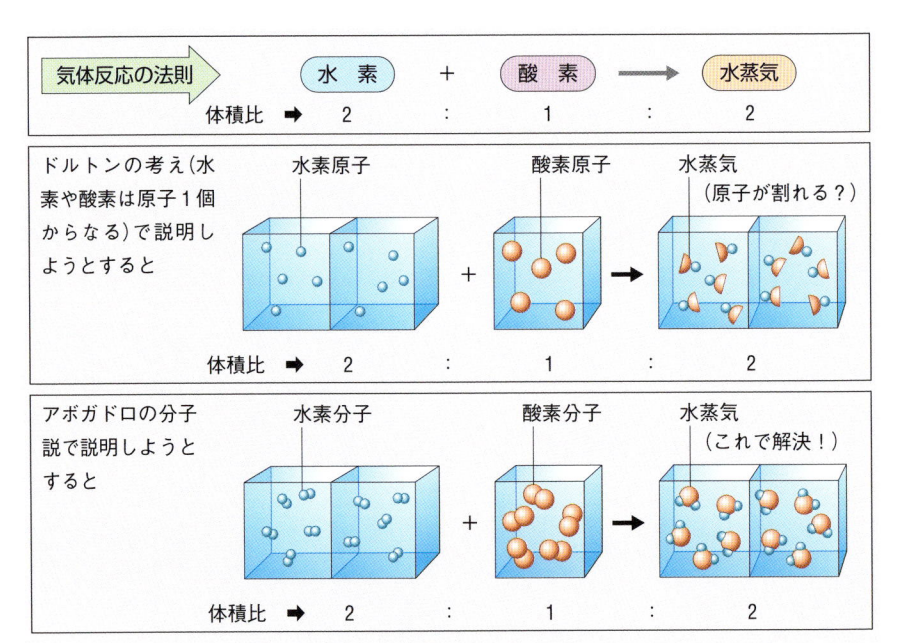

**図 1-8 気体反応の法則と分子説**

## この章で学んだこと

　この章では、まず、原子量・分子量など原子や分子などの質量の表し方・求め方を学習し、続いて物質量（mol）と質量、粒子数、さらに気体の体積との関係、そして、化学反応式とともに化学変化と量的関係へと発展させた。一方、溶液の濃度、固体の溶解度、また、原子や分子の考え方が生まれる過程についても学習した。

### 1 原子量・分子量と物質量

**① 原子の相対質量** $^{12}C$ の質量 12 を基準とした各原子の質量。

**② 原子量と同位体** 自然界の各元素の同位体の相対質量の存在比に応じた平均値が元素の原子量である。

**③ 分子量** 分子を構成する原子の原子量の総和。

**④ mol と物質量** $^{12}C$ 12 g に含まれている C 原子と同数の粒子の個数が 1 mol。mol を単位とする物質の量が物質量。

**⑤ アボガドロ定数** 1 mol あたりの粒子数で、$6.02 \times 10^{23}$/mol。

**⑥ モル質量** 1 mol の質量（g/mol）➡原子量・分子量・式量に g/mol をつける。

**⑦ アボガドロの法則** 同温・同圧で同体積の気体中には同数の分子を含む。
➡同体積の気体の質量比＝分子量比

**⑧ 気体 1 mol の体積** 気体の種類に関係なく、標準状態で 22.4 L。

### 2 化学反応式と量的関係

**① 物質の変化**
　（a）**物理変化** 物質の状態の変化。
　➡化学式は変化しない。
　（b）**化学変化** 物質そのものが変化。
　➡化学式が変化する。

**② 化学反応式** 化学変化を化学式で表した式。➡反応物の化学式を左辺に、生成物の化学式を右辺に書き、係数をあわせる。

**③ イオン反応式** イオン間の反応をイオン式を用いて表した式。

**④ 化学反応式の表す量的関係**
　（a）**係数** 係数比＝物質量比
　（b）**係数 $n$** $n$〔mol〕
　　➡$nM$〔g〕（$M$：分子量・式量）
　　➡気体の体積：22.4 $n$〔L〕

### 3 溶液の濃度と固体の溶解度

**① 質量パーセント濃度（%）** 溶液 100 g あたりに溶けている溶質の g 数。

**② モル濃度（mol/L）** 溶液 1 L あたりに溶けている溶質の物質量（mol）。

**③ 溶解度** 一般に、溶媒 100 g に溶ける溶質の g 数。

**④ 溶解度曲線** 温度と溶解度の関係を示す曲線。

**⑤ 冷却による結晶の析出量**
　（100 ＋初めの溶解度）：（溶解度の差）
　＝飽和溶液の質量：析出量

### 4 原子説と分子説

**① 質量保存の法則** 反応前と反応後の総質量は一定。

**② 定比例の法則** ある化合物の成分元素の質量比は一定。

**③ 原子説** 原子の存在。元素と原子。化合物・反応と原子の関係。

**④ 気体反応の法則** 気体間の反応では、体積比は簡単な整数比となる。

**⑤ 分子説** 気体は分子からなること、およびアボガドロの法則。

## 確認テスト1

解答・解説は p.189

**1** 次の(1)〜(3)の元素 M の原子量を求めよ。
(1) ある金属 M 5.4 g を酸素中で完全に燃焼させたところ、酸化物 $M_2O_3$ が 10.2 g 得られた。ただし、原子量は O=16.0 とする。
(2) ある金属 M は $^{63}M$ と $^{65}M$ の同位体からなり、それぞれの相対質量と存在比は $^{63}M$ が 63.0, 73.0 %, $^{65}M$ が 65.0, 27.0 %である。
(3) ある金属 M の密度は 5.0 g/cm³ であり、1辺の長さ $1.0×10^{-7}$ cm の立方体中に 20 個の原子が含まれている。アボガドロ定数は $6.0×10^{23}$/mol とする。

**ヒント**
(1)化合する物質量比は $M_2O_3$ より
Mの原子量×2:16.0×3
(2)同位体の相対質量の存在比に応じた平均値が原子量。
(3)$6.0×10^{23}$ 個の原子の質量が $M$ 〔g〕のとき、$M$ が原子量。

**2** プロパンガス $C_3H_8$ を標準状態で 5.6 L とり、これを空気中で完全に燃焼させたところ、二酸化炭素と水が生じた。原子量 H=1.0, C=12.0, O=16.0
(1) このときの変化を化学反応式で表せ。
(2) 生じた二酸化炭素は標準状態で何 L か。
(3) 生じた水は何 g か。

(2)(3)
化学反応式の
「係数比=物質量比」

**3** 炭酸カルシウムに酸化カルシウムが含まれている固体 10.0 g をとり、塩酸を加えて反応させたところ、標準状態で 1.8 L の二酸化炭素が発生した。原子量 Ca=40.0, C=12.0, O=16.0
(1) 炭酸カルシウムと塩酸の反応を化学反応式で表せ。
(2) 固体中の炭酸カルシウムの純度は何%か。

反応式の
「係数比=物質量比」
 1 mol の質量
=$M$〔g〕($M$:式量)
 気体 1 mol の体積
=22.4 L（標準状態）

**4** 酸素 100 mL をオゾン生成器に通したところ、96 mL の混合気体が得られた。何 mL の酸素がオゾンに変化したか。ただし、反応前と反応後は同温・同圧とする。

気体の反応では、反応式の
「係数比=体積比」

**5** 質量パーセント濃度35.0%の硫酸A（密度1.26 g/cm³）がある。原子量 H＝1.0, O＝16.0, S＝32.0
(1) 硫酸Aのモル濃度はどれだけか。
(2) 2.0 mol/Lの希硫酸200 mLをつくるには，硫酸Aは何mL必要か。
(3) 質量パーセント濃度15.0%の硫酸（密度1.10 g/cm³）を1Lつくるには，硫酸Aは何g必要か。

(2) 2.0 mol/Lの希硫酸200 mL中の$H_2SO_4$の物質量＝硫酸A $x$〔mL〕中の$H_2SO_4$の物質量
(3) 15.0%の硫酸1L中の$H_2SO_4$の質量＝硫酸A $x$〔g〕中の$H_2SO_4$の質量

**6** 50℃の硝酸カリウム飽和水溶液200gを20℃まで冷却したとき，何gの結晶が析出するか。また，析出した結晶を全部溶かすには20℃の水何gが必要か。ただし，水100gに対する硝酸カリウムの溶解度は，50℃で85.0g，20℃で32.0gとする。

50℃の飽和水溶液(100＋85.0)gを基準とする。20℃では，32.0gの結晶を溶かすのに100gの水が必要。

**7** 次の①〜③の文を読み，下記の問いに答えよ。
① 水素20 mLと酸素(ア)mLとが化合して水となる。このとき，体積の間には，水素：酸素＝(イ)：1のような簡単な整数比が成り立つ。
② 水素3gと酸素(ウ)gとが化合して水27gを生じる。
③ 水素と酸素が化合して水ができるとき，それらの質量の間には，つねに 水素：酸素＝1：(エ)の関係がある。
(1) 上記の(ア)〜(エ)に適する数値を記入せよ。
(2) ①〜③の各文は，それぞれ次のどの法則と関係があるか。最も関係の深いもの1つを(a)〜(d)で記せ。
　(a)定比例の法則　　(b)倍数比例の法則
　(c)気体反応の法則　(d)質量保存の法則

①は気体の体積関係。②は反応，③は成分元素のそれぞれの質量関係である。③の数値は，②の数値を用いる。

第1章　原子量・物質量と化学反応式

# 第2章

# 酸・塩基・塩

## この章で学習するポイント

☐ **酸と塩基について**
☐ 酸と塩基の性質（酸性・塩基性）と2つの定義
☐ 酸性酸化物・塩基性酸化物
☐ 価数
☐ 強弱

☐ **水素イオン濃度とpHについて**
☐ 水の電離と水素イオン濃度の関係
☐ pH
☐ pHの測定と指示薬との関係

☐ **中和反応と塩について**
☐ 中和反応と塩
☐ 塩の分類と反応
☐ 塩の水溶液の性質と構成する酸・塩基の強弱の関係

☐ **中和反応の量的関係について**
☐ 中和反応の量的計算のパターン
☐ 中和滴定の実験における器具・操作と測定計算
☐ 中和滴定曲線

# 1 酸と塩基

## 1 酸と塩基の性質

　食酢やレモンは，すっぱい味(酸味)がする。これらの中には酢酸，クエン酸とよばれる酸が含まれている。一般的に，酸には次のような共通した性質がある。

① 酸味(すっぱい味)がある。
② 水溶液は青色リトマス紙を赤色に変える。
③ 水溶液はマグネシウムや亜鉛などの金属を溶かし，水素を発生する。

> **プラスα**
> リトマス紙を
> 青 → 赤：酸性
> 赤 → 青：塩基性

上の①，②，③のような性質を**酸性**といい，酸性を示す物質のことを**酸**という。
一方，水酸化ナトリウム水溶液やアンモニア水には，次のような性質がある。

④ 赤色リトマス紙を青色に変える。
⑤ 酸の性質を打ち消す。

上の④，⑤のような性質を**塩基性(アルカリ性)**といい，塩基性を示す物質のことを**塩基**という。

**補足** 酸性や塩基性を調べるのに，ブロモチモールブルー(BTB)溶液も使われる。
BTB溶液の色は，次のようになる。黄色➡酸性　青色➡塩基性

## 2 酸・塩基の定義

### Ⓐ アレーニウスの定義

　「**酸**とは，水の中で電離して水素イオン $H^+$ を生じる**物質**であり，**塩基**とは，水の中で電離して水酸化物イオン $OH^-$ を生じる物質である。」この定義を**アレーニウスの定義**という。1887年，アレーニウス(スウェーデン)の提唱した定義である。

> **プラスα**
> 酸性・塩基性の区別は水溶液中の $H^+$ と $OH^-$ による。

### ❶ 酸の例

塩酸 HCl，硝酸 $HNO_3$，硫酸 $H_2SO_4$ はいずれも水溶液中で電離し，水素イオン $H^+$ を生じる。

$$HCl \longrightarrow H^+ + Cl^-$$
$$HNO_3 \longrightarrow H^+ + NO_3^-$$
$$\left.\begin{array}{l} H_2SO_4 \longrightarrow H^+ + HSO_4^- \\ HSO_4^- \longrightarrow H^+ + SO_4^{2-} \end{array}\right\} H_2SO_4 \longrightarrow 2H^+ + SO_4^{2-}$$

(補足) 硫酸 $H_2SO_4$ は，上記のように，2段階で電離する。

このような物質が**酸**である。酸が**酸性**を示すのは，この水素イオン $H^+$ が生じることによる。

なお，水素イオン $H^+$ は水溶液中では水分子と結合して $H_3O^+$（オキソニウムイオン）として存在する。したがって塩酸（塩化水素）の電離は次のようにも表せる。

$$HCl + H_2O \longrightarrow H_3O^+ + Cl^-$$

(補足) 1. $H_3O^+$ は，$H^+$ のように省略して表すことが多い。
2. 水素イオンと水分子の結合（$H_2O + H^+ \longrightarrow H_3O^+$）は，配位結合（**p.74**）である。

### ❷ 塩基の例

水酸化ナトリウム NaOH や水酸化カルシウム $Ca(OH)_2$ は，水溶液中で電離し，水酸化物イオン $OH^-$ を生じる。

$$NaOH \longrightarrow Na^+ + OH^-$$
$$Ca(OH)_2 \longrightarrow Ca^{2+} + 2OH^-$$

アンモニア $NH_3$ も水溶液中で一部が水と反応し，水酸化物イオン $OH^-$ を生じる。

$$NH_3 + H_2O \rightleftarrows NH_4^+ + OH^-$$

(補足)「$\rightleftarrows$」は，反応が完全に右辺に進まないときに用いる。

このような物質が**塩基**である。塩基が**塩基性（アルカリ性）**を示すのは，水溶液中で水酸化物イオン $OH^-$ を生じることによる。

---

**POINT**

水溶液中で $\begin{cases} H^+（H_3O^+）を生じる物質 \Rightarrow 酸 \\ OH^- を生じる物質 \Rightarrow 塩基 \end{cases}$

この定義を，**アレーニウスの定義**という。

## B ブレンステッドの定義

ブレンステッドとローリーは，1923年にそれぞれ独立に，次のような酸・塩基の定義をした。「**酸とは，他の物質に水素イオン $H^+$ を与える物質**（プロトン供与体）**であり，塩基とは，他の物質から水素イオン $H^+$ を受け取る物質**（プロトン受容体）**である。**」

この定義によれば，下の反応の HCl は酸で，$H_2O$ は塩基である。

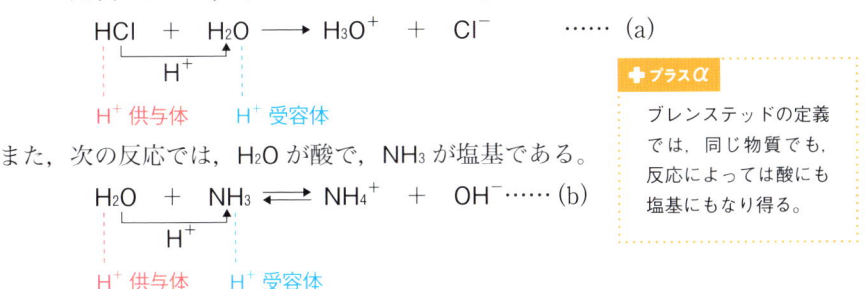

$$HCl + H_2O \longrightarrow H_3O^+ + Cl^- \quad \cdots\cdots (a)$$

（$H^+$ 供与体 → $H^+$ 受容体）

また，次の反応では，$H_2O$ が酸で，$NH_3$ が塩基である。

$$H_2O + NH_3 \rightleftarrows NH_4^+ + OH^- \cdots\cdots (b)$$

（$H^+$ 供与体 → $H^+$ 受容体）

**＋プラスα**
ブレンステッドの定義では，同じ物質でも，反応によっては酸にも塩基にもなり得る。

上の(a)，(b)の反応における $H_2O$ のように，この定義では物質そのものを酸・塩基と定義するのではなく，反応が起きたとき，その物質が $H^+$ を他に与えているか，他から $H^+$ を受け取っているかにより酸・塩基を定義している。この定義は水以外の溶媒中でも適用でき，**アレーニウスの定義に比べ適用範囲が広い**。

### 例題20　酸・塩基の定義

次の反応で，下線をつけた分子またはイオンは，ブレンステッドの定義にしたがうと，酸または塩基のいずれであるか。

(1)　$NH_4^+ + \underline{H_2O} \longrightarrow NH_3 + H_3O^+$

(2)　$CO_3^{2-} + \underline{H_2O} \longrightarrow HCO_3^- + OH^-$

(3)　$\underline{CH_3COOH} + NH_3 \longrightarrow CH_3COO^- + NH_4^+$

(4)　$\underline{CH_3COO^-} + H_2O \longrightarrow CH_3COOH + OH^-$

**解答**

各反応において，下線をつけた物質が $H^+$ を他に与えているか，または，他から受け取っているかをみればよい。

(1)　$H_2O$ は，$NH_4^+$ から $H^+$ を受け取って $H_3O^+$ となっているので，**塩基** …答

(2)　$H_2O$ は，$CO_3^{2-}$ に $H^+$ を与えて $OH^-$ となっているので，**酸** …答

(3)　$CH_3COOH$ は，$NH_3$ に $H^+$ を与えて $CH_3COO^-$ となっているので，**酸** …答

(4)　$CH_3COO^-$ は，$H_2O$ から $H^+$ を受け取って $CH_3COOH$ となっているので，**塩基** …答

> **POINT**
> $H^+$ を他に与える物質 ⇨ **酸**
> $H^+$ を他から受け取る物質 ⇨ **塩基**
> この定義を，**ブレンステッドの定義**という。

## 3 酸の価数

### Ⓐ 酸の価数

酸1分子がもっている $H^+$ となる水素原子の数を，その**酸の価数**という。そして，酸1分子が $m$ 個の水素イオン $H^+$ を出すことができるとき，その酸を $m$ **価の酸**であるという(**図2-1**)。

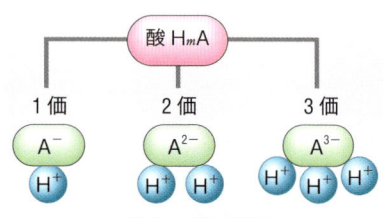

図2-1 酸の価数

**例** リン酸 $H_3PO_4$ は，1分子中に $H^+$ となる水素原子を，3個もっているので3価の酸であり，水溶液中で次のように3段階に電離する。

リン酸 $\begin{cases} H_3PO_4 \rightleftarrows H^+ + H_2PO_4^- (リン酸二水素イオン) \\ H_2PO_4^- \rightleftarrows H^+ + HPO_4^{2-} (リン酸一水素イオン) \\ HPO_4^{2-} \rightleftarrows H^+ + PO_4^{3-} (リン酸イオン) \end{cases}$

| 価数 | お も な 酸 |
|---|---|
| 1価 | 塩酸 HCl，硝酸 $HNO_3$，酢酸 $CH_3COOH$，フェノール $C_6H_5OH$ |
| 2価 | 硫酸 $H_2SO_4$，シュウ酸 $H_2C_2O_4$，（炭酸 $H_2CO_3$），（亜硫酸 $H_2SO_3$） |
| 3価 | リン酸 $H_3PO_4$ |

### Ⓑ 塩基の価数

金属水酸化物では，組成式の中に含まれる水酸化物イオン $OH^-$ の数，アンモニアのような塩基では，水と反応して塩基1分子から生じうる水酸化物イオン $OH^-$ の数を，その**塩基の価数**という。そして，塩基 1 mol が $m$ [mol] の $OH^-$ をもっているか，または水溶液中で $m$ [mol] の $OH^-$ を生じうるとき，その塩基を $m$ **価の塩基**であるという。

| 価数 | お も な 塩 基 |
|---|---|
| 1価 | NaOH，KOH，$NH_3$，$C_6H_5NH_2$（アニリン） |
| 2価 | $Ca(OH)_2$，$Ba(OH)_2$，$Cu(OH)_2$，$Mg(OH)_2$，$Zn(OH)_2$ |
| 3価 | $Al(OH)_3$，$Fe(OH)_3$，$Cr(OH)_3$ |

**(補足)** アンモニア $NH_3$ は1価の塩基であることに注意しよう。

## 4 酸・塩基の強弱

### Ⓐ 電離度

電解質を水に溶かすと，水の中で電離して陽イオンと陰イオンを生じるが，電解質の種類によってその電離する割合が異なる。この電解質の電離する割合，具体的にいうと，**溶けた電解質の全物質量(mol)に対する電離した電解質の物質量(mol)の割合を電離度**といい，$\alpha$で表す。また，電離度は電解質のモル濃度を用いて次のように表すこともできる。

$$\text{電離度 } \alpha = \frac{\text{電離した電解質の物質量(mol)}}{\text{溶けた電解質の全物質量(mol)}}$$

$$= \frac{\text{電離した電解質のモル濃度}}{\text{電解質のモル濃度}}$$

**＋プラスα**
電離度 $\alpha$ は，電解質 1 mol に対する電離した物質量の割合。よって，$0 \leq \alpha \leq 1$

### Ⓑ 電離度と水素イオン濃度

濃度が $c$ [mol/L] である酸 HA の水溶液において，電離度が $\alpha$ であったときの水素イオン濃度 $[H^+]$ は，次のようになる。

$$HA \rightleftarrows H^+ + A^-$$
$$c(1-\alpha) \quad c\alpha \quad c\alpha$$

$[HA] = c(1-\alpha) \quad [H^+] = c\alpha \quad [A^-] = c\alpha$

(補足) $[A^-]$ は $A^-$ のモル濃度(mol/L)を示す。

#### 例題21 ▶ 電離度と水素イオン濃度

25℃における 0.010 mol/L の酢酸水溶液の水素イオン濃度が $4.3 \times 10^{-4}$ mol/L であった。このときの酢酸の電離度はいくらか。

**解答**

$$\text{電離度 } \alpha = \frac{\text{電離した酢酸の濃度}}{\text{酢酸の濃度}} = \frac{4.3 \times 10^{-4}}{0.010} = \mathbf{4.3 \times 10^{-2}} \quad \cdots \text{答}$$

---

**POINT**

濃度 $c$ [mol/L]
電離度 $\alpha$ ｝の 1 価の酸の水溶液 ⇒ $[H^+] = c\alpha$

1 価の酸の水溶液のモル濃度と電離度がわかっていれば，この酸の水溶液における水素イオン $H^+$ のモル濃度 $[H^+]$ を求めることができる。

## ⓒ 酸の強弱

酸の濃度が，1 mol/L ぐらいのときに電離度が1に近い酸を **強酸** といい，電離度が1よりも著しく小さい酸を **弱酸** という（図 2-2）。

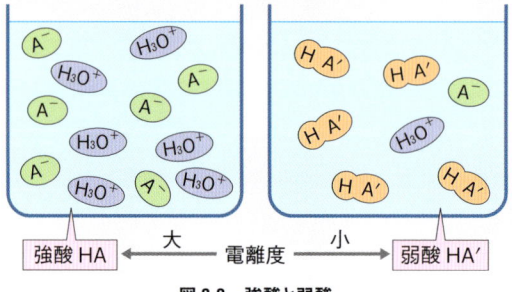

図 2-2　強酸と弱酸

> **例**　18 ℃における濃度 1.0 mol/L の塩酸と酢酸の電離度は
> 　　　塩酸 0.92　　　酢酸 0.0043
> よって，塩酸は強酸，酢酸は弱酸である。

表 2-1　強酸と弱酸のおもな例

| おもな強酸 | 塩酸 HCl，硝酸 $HNO_3$，硫酸 $H_2SO_4$，ヨウ化水素酸 HI など |
|---|---|
| おもな弱酸 | 酢酸 $CH_3COOH$，炭酸 $H_2CO_3$（$H_2O+CO_2$），硫化水素 $H_2S$，フェノール $C_6H_5OH$ |

### コラム　酸の強弱の比較

電離度は，図 2-3 のように酸の濃度によって変化する。弱酸である酢酸でも濃度が非常に小さい場合には電離度が 0.75 に近くなる。したがって，**酸の強弱** を比較する場合は，一般に，酸の水溶液の濃度が 1 mol/L のときの電離度の大小をもとにして比較する。

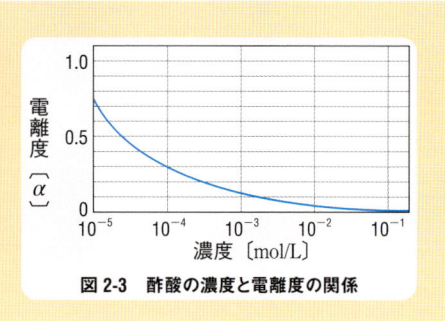

図 2-3　酢酸の濃度と電離度の関係

### D 塩基の強弱

水に溶けて電離し、多くの水酸化物イオン $OH^-$ を生じる水酸化ナトリウム NaOH や水酸化カリウム KOH などの塩基を **強塩基** といい、水に溶けにくい水酸化アルミニウム $Al(OH)_3$ や、電離度が小さいアンモニア $NH_3$ のような塩基を **弱塩基** という。

**＋プラスα**
弱塩基には、水に溶けにくいものと、電離度が小さいものがある。

表 2-2 強塩基と弱塩基のおもな例

| おもな強塩基 | NaOH, KOH, $Ba(OH)_2$, $Ca(OH)_2$ |
|---|---|
| おもな弱塩基 | $NH_3$, $Al(OH)_3$, $Fe(OH)_3$, $Mg(OH)_2$, $Cu(OH)_2$, |

**POINT**

重要な { 強酸 ⇨ HCl, $HNO_3$, $H_2SO_4$
　　　　 強塩基 ⇨ NaOH, KOH, $Ba(OH)_2$, $Ca(OH)_2$

## 5 酸の強弱と水素イオン濃度

### A 強酸の水溶液

1価の強酸の濃度の小さい水溶液では、電離度を1とみなしてよいので、濃度 $c$〔mol/L〕における水素イオン濃度 $[H^+]$ は

$$[H^+] = c \text{〔mol/L〕}$$

**例** 0.10 mol/L の塩酸では　$[H^+] = 0.10$ mol/L

**補足** 2価の強酸である硫酸 $H_2SO_4$ の小さい濃度の水溶液では、第1段階の電離の電離度は1とみなしてよいが、第2段階の電離度はやや小さく、1とみなせない。しかし、とくに指示のない問題では $[H^+] = 2c$〔mol/L〕とする。

### B 弱酸の水溶液

1価の弱酸の濃度 $c$〔mol/L〕の水素イオン濃度 $[H^+]$ は、電離度を $\alpha$ とすると

$$[H^+] = c \times \alpha \text{〔mol/L〕}$$

**例** 0.10 mol/L の酢酸水溶液、電離度 0.010 では
$[H^+] = 0.10 \times 0.010 = 1.0 \times 10^{-3}$〔mol/L〕

**補足** 2価の弱酸である硫化水素 $H_2S$ の水溶液では、第1段階の電離の電離度に比べて第2段階の電離度が著しく小さいため、上記の式がそのまま適用できる。

## 6 塩基の強弱と水酸化物イオン濃度

### Ⓐ 強塩基の水溶液

$m$ 価の強塩基の濃度の小さい水溶液では，電離度を1とみなしてよいので，濃度 $c$ [mol/L] の水酸化物イオン濃度 [OH⁻] は

$$[\text{OH}^-] = mc \,[\text{mol/L}]$$

### Ⓑ 弱塩基の水溶液

1価の弱塩基の濃度 $c$ [mol/L] の水酸化物イオン濃度 [OH⁻] は，電離度を $\alpha$ とすると

$$[\text{OH}^-] = c \times \alpha \,[\text{mol/L}]$$

**例** 0.10 mol/L のアンモニア水，電離度 0.01 では
$$[\text{OH}^-] = 0.10 \times 0.01 = 1.0 \times 10^{-3} \,[\text{mol/L}]$$

> **POINT**
> [H⁺] =（1価の酸のモル濃度）×（電離度）
> [OH⁻] =（1価の塩基のモル濃度）×（電離度）
> 濃度の小さい強酸・強塩基の水溶液の電離度は1とする。

---

**発展　化学平衡と電離平衡**

$H_2 + I_2 \rightleftarrows 2HI$ の反応は右方向（正反応）にも左方向（逆反応）にも進行できる**可逆反応**である。容器中で，温度・圧力を一定に保つと正反応と逆反応の反応速度が等しくなり，$H_2$, $I_2$, HI の濃度が一定に保たれる。この状態を**化学平衡**という。

この平衡の状態では，次の関係が成り立つ。

$$\frac{[\text{HI}]^2}{[\text{H}_2][\text{I}_2]} = K \quad ([\text{H}_2],\,[\text{I}_2],\,[\text{HI}] はモル濃度 \text{mol/L})$$

この関係式を**化学平衡の法則**（**質量作用の法則**）という。$K$ は**平衡定数**といい，一定温度では一定の値となる。

酸・塩基を水に溶かすと，電離してイオンを生じ，電離していない化合物との間で平衡状態になる。このような電離による平衡を**電離平衡**という。

**例** $CH_3COOH \rightleftarrows CH_3COO^- + H^+$
　　$CH_3COOH$ の一部が電離し，$CH_3COOH$ と $CH_3COO^-$，$H^+$ が平衡となる。

電離平衡についても化学平衡の法則が成り立つ。このときの $K$ を**電離定数**という。

$$\frac{[\text{CH}_3\text{COO}^-][\text{H}^+]}{[\text{CH}_3\text{COOH}]} = K \quad K：電離定数（一定温度で一定）$$

# 2 水素イオン濃度とpH

## 1 水の電離と水素イオン濃度・水酸化物イオン濃度

水は，常温でごくわずかに次のように電離している。
$$H_2O \rightleftarrows H^+ + OH^-$$

純水においては，$H^+$と$OH^-$のモル濃度(p.114)は等しく，25℃のもとでは，次のようになっている。
$$[H^+] = [OH^-] = 1.00 \times 10^{-7} \text{ mol/L}$$

水に酸を溶かすと，$H^+$の濃度が増加し，水溶液は酸性となる。また，水に塩基を溶かすと，$OH^-$の濃度が増加し，水溶液は塩基性となる。

水溶液中の$[H^+]$と$[OH^-]$の積は一定である。

$$[H^+][OH^-] = 一定 = 1.0 \times 10^{-14} \text{ (mol/L)}^2$$

酸性水溶液でも塩基性水溶液でも一定であるから，次の表のような関係がある。

**＋プラスα**
$[H^+] > 10^{-7}$ mol/L は，酸性水溶液。
$[OH^-] > 10^{-7}$ mol/L は，塩基性水溶液。

| $[H^+]$ | $10^{-1}$ | $10^{-2}$ | $10^{-3}$ | ……… | $10^{-7}$ | ……… | $10^{-11}$ | $10^{-12}$ | $10^{-13}$ |
|---|---|---|---|---|---|---|---|---|---|
| $[OH^-]$ | $10^{-13}$ | $10^{-12}$ | $10^{-11}$ | ……… | $10^{-7}$ | ……… | $10^{-3}$ | $10^{-2}$ | $10^{-1}$ |
| (mol/L) | | | | | | | | | |

← 酸性 　　　　中性　　　　塩基性 →

**POINT**

水溶液中では，25℃で
$$[H^+][OH^-] = K_W = 1.0 \times 10^{-14} \text{ (mol/L)}^2$$

水は常温でごくわずかに電離しているが，その$[H^+]$と$[OH^-]$の積は，温度一定ではつねに一定である。この関係は純水だけでなく，すべての水溶液中で成り立っている。

> **発展　水のイオン積 $K_W$**
>
> 本文でも説明したが，水は常温でごくわずか次のように電離している。
> $$H_2O \rightleftarrows H^+ + OH^-$$
> この場合も化学平衡の法則が成り立つ。
> $$\frac{[H^+][OH^-]}{[H_2O]} = K \quad K: 電離定数$$
> このとき，水の電離はきわめてわずかであるから$[H_2O]$は一定とみなすことができる。したがって，電離定数$K$と$[H_2O]$との積を，あらためて定数とし，次のように表すことができる。
> $$[H^+][OH^-] = K[H_2O] = K_W$$
> この$K_W$を，**水のイオン積**といい，温度一定では一定の値となる。25℃のもとでは
> $$K_W = [H^+][OH^-] = 1.0 \times 10^{-14} (mol/L)^2$$
>
> 補足　$K_W$は温度が高くなると大きくなるが，25℃の値 $1.0 \times 10^{-14}$ を使うことが多い。

## 2 水素イオン濃度・水酸化物イオン濃度と pH

### Ⓐ 水素イオン濃度と pH

前ページの表より，水溶液中の$[H^+]$は，酸性が強いほど大きく，塩基性が強いほど小さい。したがって，$[H^+]$の値で酸性・塩基性の強さを表すことができる。pH は酸性・塩基性の強さを$[H^+]$の指数で表した数値である。

$$[H^+] = 10^{-x} \, mol/L \quad のとき \quad pH = x$$

例　$[H^+] = 10^{-3}$ mol/L の水溶液は pH = 3　pH = 9 の水溶液では$[H^+] = 10^{-9}$ mol/L

### Ⓑ 水酸化物イオン濃度と pH

$[OH^-]$が与えられた場合，$[H^+]$と$[OH^-]$の関係である$[H^+][OH^-] = 1.0 \times 10^{-14} \, (mol/L)^2$ より$[H^+]$を求めて，pH を導く。

例　$[OH^-] = 10^{-3}$ mol/L の水溶液は　$[H^+] = \frac{10^{-14}}{10^{-3}} = 10^{-11}$ (mol/L)　よって　pH = 11

---

**POINT**

$[H^+] = 10^{-x} \, mol/L \Rightarrow pH = x$

$[OH^-]$がわかる場合，$[H^+][OH^-] = 10^{-14} \, (mol/L)^2$ より$[H^+]$を求める。

### ⓒ 酸性・中性・塩基性と pH

水溶液の性質と pH の関係は次の通りである。

酸　性　　$[H^+] > 10^{-7}\,mol/L > [OH^-]$　　$pH < 7$
中　性　　$[H^+] = 10^{-7}\,mol/L = [OH^-]$　　$pH = 7$
塩基性　　$[H^+] < 10^{-7}\,mol/L < [OH^-]$　　$pH > 7$

**例題22　pH の計算**

(1) 0.010 mol/L の塩酸の pH を求めよ。
(2) 0.10 mol/L の $CH_3COOH$ 水溶液（電離度 0.010）の pH を求めよ。
(3) 0.0050 mol/L の $Ba(OH)_2$ 水溶液の pH を求めよ。

**解答**

(1) 塩酸は 1 価の強酸であるから
   $[H^+] = 0.010 = 10^{-2}$〔mol/L〕　よって　**pH = 2**　…答

(2) 濃度が 0.10 mol/L の $CH_3COOH$（酢酸）水溶液で，電離度 0.010 より
   $[H^+] = 0.10 \times 0.010 = 10^{-3}$〔mol/L〕　よって　**pH = 3**　…答

(3) $Ba(OH)_2$ は 2 価の強塩基であるから
   $[OH^-] = 0.0050 \times 2 = 10^{-2}$〔mol/L〕
   $[H^+] = \dfrac{10^{-14}}{10^{-2}} = 10^{-12}$〔mol/L〕　よって　**pH = 12**　…答

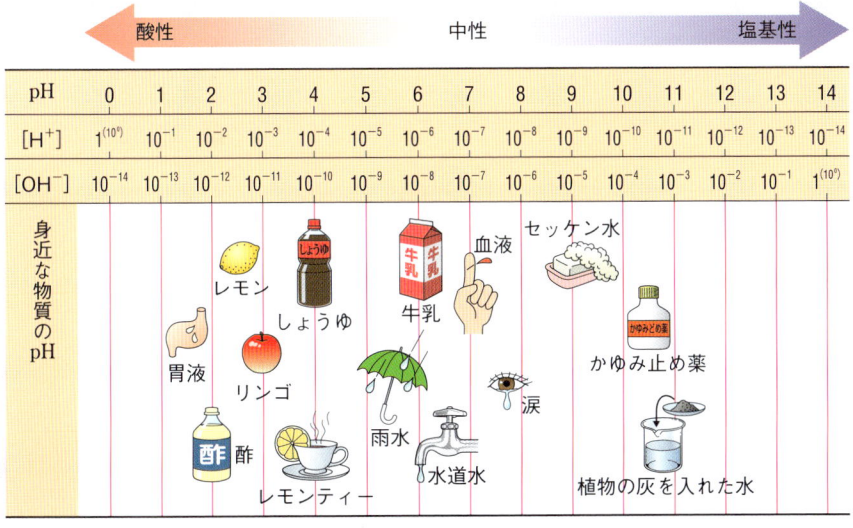

図 2-4　身近な物質の pH（25℃のとき）

### 発展　対数を用いた pH の計算

$x=10^n$ のとき，$n$ を $x$ の対数（常用対数）といい，$n=\log_{10}x$ と表す。対数計算の規則には次のようなものがある。

- $\log_{10}1=0$
- $\log_{10}10=1$
- $\log_{10}10^n=n$
- $\log_{10}a^n=n\log_{10}a$
- $\log_{10}(a\times b)=\log_{10}a+\log_{10}b$
- $\log_{10}(a\div b)=\log_{10}a-\log_{10}b$

また $\log_{10}x$ は省略されて $\log x$ と表すことも多い。

「$[\mathrm{H^+}]=10^{-x}$ mol/L　のとき　pH $=x$」を常用対数を使って表すと

$$\mathrm{pH}=-\log[\mathrm{H^+}]$$

**例 1.** 0.010 mol/L の塩酸の pH を求める場合
$[\mathrm{H^+}]=0.010$ mol/L $=10^{-2}$ mol/L　より　pH $=-\log 10^{-2}=2$

**例 2.** 0.020 mol/L の塩酸の pH を求める場合　$\log 2=0.3$
$[\mathrm{H^+}]=0.020$ mol/L $=2.0\times 10^{-2}$ mol/L　より
pH $=-\log(2.0\times 10^{-2})=2-\log 2=2-0.3=1.7$

---

### コラム　酸性雨

一般に，pH が 5.6 以下の雨を**酸性雨**という。近年，世界各地で酸性雨が観測され，森林・湖水・土壌などへの悪影響が問題になっている。自然の雨水は，大気中の二酸化炭素が溶けているので，いくらか酸性であるが，pH が 5.6 より強い酸性になることはない。酸性雨の原因は，工場や自動車などによる石炭・石油などの燃焼によって生じるガスに含まれる硫黄酸化物や窒素酸化物が，大気中で酸素や水と反応して硫酸や硝酸となり，雨に含まれることによる。

## 3 指示薬と pH の測定

### Ⓐ 指示薬

水溶液の酸性や塩基性を調べるのに，pH 試験紙や BTB 溶液などがよく用いられる。これらは pH のわずかな変化によって色素が鋭敏に変化することを利用している。このような性質をもつ色素を **pH 指示薬** という。指示薬は，その種類によって変色する pH の範囲（これを**変色域**という）が異なり，また色調も異なる。

この指示薬の色の変化は，中和滴定のときの中和点を見つけるのに利用され，さらに色の濃淡を利用して，水溶液の pH も推定することができる。

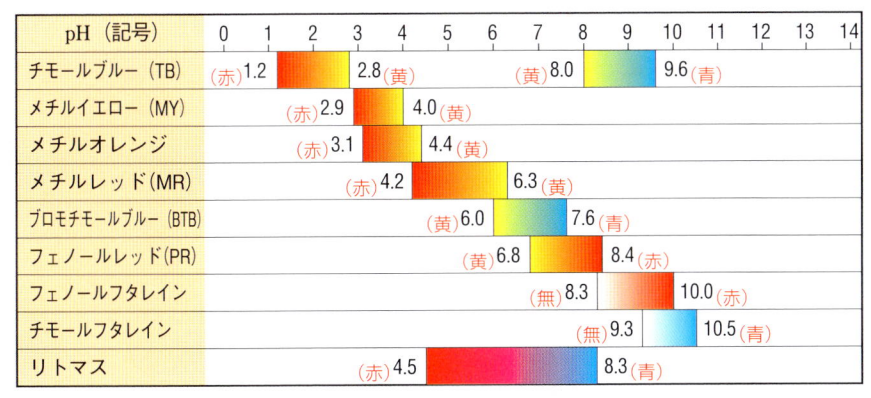

| pH（記号） | 0 | 1 | 2 | 3 | 4 | 5 | 6 | 7 | 8 | 9 | 10 | 11 | 12 | 13 | 14 |
|---|---|---|---|---|---|---|---|---|---|---|---|---|---|---|---|
| チモールブルー（TB） | | (赤)1.2 | | 2.8(黄) | | | | | (黄)8.0 | | 9.6(青) | | | | |
| メチルイエロー（MY） | | | | (赤)2.9 | 4.0(黄) | | | | | | | | | | |
| メチルオレンジ | | | | (赤)3.1 | 4.4(黄) | | | | | | | | | | |
| メチルレッド（MR） | | | | | (赤)4.2 | | 6.3(黄) | | | | | | | | |
| ブロモチモールブルー（BTB） | | | | | | | (黄)6.0 | 7.6(青) | | | | | | | |
| フェノールレッド（PR） | | | | | | | (黄)6.8 | | 8.4(赤) | | | | | | |
| フェノールフタレイン | | | | | | | | | (無)8.3 | | 10.0(赤) | | | | |
| チモールフタレイン | | | | | | | | | | (無)9.3 | 10.5(青) | | | | |
| リトマス | | | | | | (赤)4.5 | | | 8.3(青) | | | | | | |

**図2-5　おもな指示薬の変色域**

## ❸ pHの測定

水溶液のpHは，次に示すようなpH試験紙やpHメーターを用いて測定することができる。

### ❶ pH試験紙

変色域の違う各指示薬をろ紙につけたものをセットにし，pHが1から14までを測定できるようにしたもの。それぞれの指示薬についていろいろなpHを示す色調を印刷した標準変色表と見比べて，およそのpHを調べる。

### ❷ pHメーター

特殊な電極を用いて，$H^+$の濃度と電位差の変化の関係から，そのpHをメーターによって読み取るもので，割合簡単な操作で正確にpHを測定することができる。

pHメーター 　　　　pH試験紙

# 3 中和反応と塩

## 1 中和反応

　酸の水溶液と塩基の水溶液を混合すると，酸の性質と塩基の性質がともに失われる。これは，酸のH$^+$と塩基のOH$^-$が1個ずつ結びついて水になってしまうからである。

$$H^+ + OH^- \longrightarrow H_2O$$
$$(H_3O^+ + OH^- \longrightarrow 2H_2O)$$

　この反応を**中和反応**，または単に**中和**という。

　また，酸と塩基が中和して，**塩基の陽イオンと酸の陰イオンとが結合した化合物**が生じたとき，この化合物は**塩**とよばれる（**図 2-6**）。

図 2-6　酸と塩基の中和

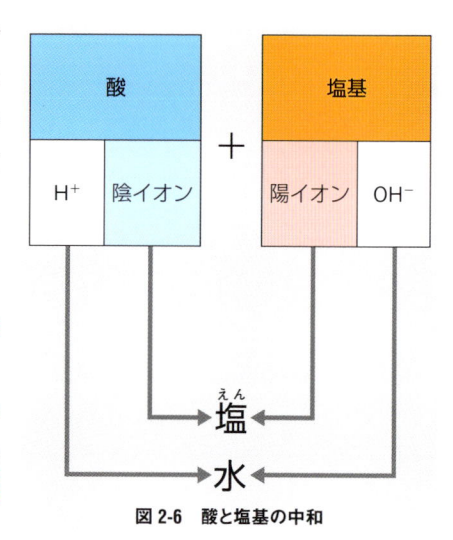

表 2-3　酸と塩基が完全に中和するときの反応例

| 酸（価数） | 塩基（価数） | 中和反応の反応式 | 塩の名称 |
|---|---|---|---|
| HNO$_3$（1価） | Ca(OH)$_2$（2価） | 2HNO$_3$ + Ca(OH)$_2$ ⟶ Ca(NO$_3$)$_2$ + 2H$_2$O | 硝酸カルシウム |
| H$_2$CO$_3$（2価） | NaOH（1価） | H$_2$CO$_3$ + 2NaOH ⟶ Na$_2$CO$_3$ + 2H$_2$O | 炭酸ナトリウム |
| H$_3$PO$_4$（3価） | KOH（1価） | H$_3$PO$_4$ + 3KOH ⟶ K$_3$PO$_4$ + 3H$_2$O | リン酸カリウム |
| H$_2$SO$_4$（2価） | Al(OH)$_3$（3価） | 3H$_2$SO$_4$ + 2Al(OH)$_3$ ⟶ Al$_2$(SO$_4$)$_3$ + 6H$_2$O | 硫酸アルミニウム |

> **例題23** 中和反応の化学反応式

次の酸と塩基が完全に中和するときの反応を，化学反応式で表せ。
(1) シュウ酸 $(COOH)_2$ と水酸化ナトリウム $NaOH$
(2) リン酸 $H_3PO_4$ と水酸化カルシウム $Ca(OH)_2$

**解答**
(1) 2価の酸と1価の塩基の中和反応であるから
$$(COOH)_2 + 2NaOH \longrightarrow (COONa)_2 + 2H_2O \quad \cdots 答$$
(2) 3価の酸と2価の塩基の中和反応であるから
$$2H_3PO_4 + 3Ca(OH)_2 \longrightarrow Ca_3(PO_4)_2 + 6H_2O \quad \cdots 答$$

## 2 塩の種類と塩の反応

### A 塩の種類

化学式中に，$H^+$ になりうる酸の H も，$OH^-$ になりうる塩基の OH も含まない塩を**正塩**といい，$H^+$ になりうる酸の H を含む塩を**酸性塩**，$OH^-$ になりうる OH を含む塩を**塩基性塩**という。

> **＋プラスα**
> 正塩・酸性塩・塩基性塩と，塩の水溶液の性質は直接関係がない。酸性塩の水溶液は酸性を示すとは限らない。

表 2-4 塩の種類と例

| 塩の種類 | 例 | 特徴 |
| --- | --- | --- |
| 正塩 | $NaCl$ 塩化ナトリウム，$KNO_3$ 硝酸カリウム<br>$(NH_4)_2SO_4$ 硫酸アンモニウム，$CH_3COONa$ 酢酸ナトリウム<br>$FeSO_4$ 硫酸鉄($II$)，$CaCO_3$ 炭酸カルシウム | OH も H も残っていない。 |
| 酸性塩 | $NaHSO_4$ 硫酸水素ナトリウム，$NaHCO_3$ 炭酸水素ナトリウム<br>$K_2HPO_4$ リン酸一水素カリウム，<br>$KH_2PO_4$ リン酸二水素カリウム | H が残っている。 |
| 塩基性塩 | $MgCl(OH)$ 塩化水酸化マグネシウム<br>$CuCl(OH)$ 塩化水酸化銅($II$)<br>$CuCO_3 \cdot Cu(OH)_2$ 炭酸水酸化銅($II$) | OH が残っている。 |

**補足** $CuCO_3 \cdot Cu(OH)_2$ は，一般に塩基性炭酸銅($II$)，またはヒドロオキシ炭酸銅($II$)という。

第2章 酸・塩基・塩

### Ⓑ 塩と酸・塩基の反応

**❶ 弱酸からできた塩に強酸を加えると、強酸の塩と弱酸を生じる。**

例) 酢酸ナトリウム $CH_3COONa$ に塩酸を加えると、酢酸 $CH_3COOH$ が遊離し、塩化ナトリウムが生じる。

$$\underbrace{Na^+ + CH_3COO^-}_{弱酸の塩} + \underbrace{H^+ + Cl^-}_{強酸} \longrightarrow \underbrace{CH_3COOH}_{弱酸} + \underbrace{Na^+ + Cl^-}_{強酸の塩}$$

これは、弱酸の陰イオンが強酸の陰イオンに比べ、$H^+$ との結びつきが強いことを示している。

補足) 弱酸の塩は $CaCO_3$、$FeS$、$Na_2SO_3$ など。

**❷ 揮発性の酸の塩に不揮発性の酸を加えると、不揮発性の酸の塩と揮発性の酸を生じる。**

例) 塩化ナトリウムに濃硫酸を加えて加熱すると、次の反応によって塩化水素 $HCl$ が発生する。

$$\underset{(揮発性の酸の塩)}{NaCl} + \underset{(不揮発性の酸)}{H_2SO_4} \longrightarrow \underset{(不揮発性の酸の塩)}{NaHSO_4} + \underset{(揮発性の酸)}{HCl\uparrow}$$

補足) 硫酸 $H_2SO_4$ は不揮発性の酸で沸点が高く、気体になりにくい。

**❸ 弱塩基の塩に強塩基を加えると、強塩基の塩と弱塩基を生じる。**

例) 塩化アンモニウム $NH_4Cl$ に、水酸化ナトリウムや水酸化カルシウム $Ca(OH)_2$ などの強塩基を加えて加熱すると、アンモニアが発生する。

$$\underset{(弱塩基の塩)}{2NH_4Cl} + \underset{(強塩基)}{Ca(OH)_2} \longrightarrow \underset{(強塩基の塩)}{CaCl_2} + 2H_2O + \underset{(弱塩基)}{2NH_3\uparrow}$$

補足) 弱塩基の塩は $(NH_4)_2SO_4$、$Al(NO_3)_3$、$FeCl_3$ など。

## 3 正塩の水溶液の性質

### Ⓐ 強酸と強塩基からなる正塩

$NaCl$、$K_2SO_4$、$Ca(NO_3)_2$ のように強酸と強塩基からなる正塩の水溶液は、**ほぼ中性**を示す。

補足) $HCl$(強酸) $+ NaOH$(強塩基) $\longrightarrow NaCl + H_2O$
$H_2SO_4$(強酸) $+ 2KOH$(強塩基) $\longrightarrow K_2SO_4 + 2H_2O$
$2HNO_3$(強酸) $+ Ca(OH)_2$(強塩基) $\longrightarrow Ca(NO_3)_2 + 2H_2O$

➕プラスα
重要な強酸、強塩基は p.128、p.129。

### ⓑ 弱酸と強塩基からなる正塩

$CH_3COONa$, $K_2CO_3$ のように弱酸と強塩基からなる正塩の水溶液は，**塩基性**を示す。

(補足) $CH_3COOH$(弱酸) + $NaOH$(強塩基) ⟶ $CH_3COONa$ + $H_2O$
$H_2CO_3$(弱酸) + $2KOH$(強塩基) ⟶ $K_2CO_3$ + $2H_2O$

### ⓒ 強酸と弱塩基からなる正塩

$NH_4Cl$, $CuSO_4$ のように強酸と弱塩基からなる正塩の水溶液は，**酸性**を示す。

(補足) $HCl$(強酸) + $NH_3$(弱塩基) ⟶ $NH_4Cl$
$H_2SO_4$(強酸) + $Cu(OH)_2$(弱塩基) ⟶ $CuSO_4$ + $2H_2O$

---

**POINT** 正塩の水溶液の性質
- 強酸と強塩基からなる正塩 ⇨ ほぼ中性
- 弱酸と強塩基からなる正塩 ⇨ 塩基性
- 強酸と弱塩基からなる正塩 ⇨ 酸性

正塩を構成する酸と塩基の強い方の性質を示す。

---

(補足) 弱酸と弱塩基からなる正塩は，水に溶けにくいものが多い。水溶性のものでは，その水溶液はほぼ中性である。

### 例題24  正塩の水溶液の性質

次の塩の水溶液は(A)酸性，(B)塩基性，(C)ほぼ中性のいずれを示すか。

(1) $Na_2CO_3$ (2) $(NH_4)_2SO_4$ (3) $KNO_3$
(4) $CaCl_2$ (5) $Cu(NO_3)_2$

**解答**

(1) $Na_2CO_3$ は，弱酸 $H_2CO_3$ と強塩基 $NaOH$ からなる塩で，**(B)塩基性** …答
(2) $(NH_4)_2SO_4$ は，強酸 $H_2SO_4$ と弱塩基 $NH_3$ からなる塩で，**(A)酸性** …答
(3) $KNO_3$ は，強酸 $HNO_3$ と強塩基 $KOH$ からなる塩で，**(C)ほぼ中性** …答
(4) $CaCl_2$ は，強酸 $HCl$ と強塩基 $Ca(OH)_2$ からなる塩で，**(C)ほぼ中性** …答
(5) $Cu(NO_3)_2$ は，強酸 $HNO_3$ と弱塩基 $Cu(OH)_2$ からなる塩で，**(A)酸性** …答

> **発展** CH₃COONa の水溶液が塩基性を示す理由 ← 塩の加水分解
>
> CH₃COONa を水に溶かすと，イオン結晶であるから，完全に電離する。
> $$CH_3COONa \longrightarrow CH_3COO^- + Na^+$$
> 水はごくわずかに電離している。　$H_2O \rightleftarrows H^+ + OH^-$
> CH₃COOH は弱酸であるから，CH₃COOH 分子は安定であり，分子をつくりやすい。したがって，CH₃COO⁻ の一部が H₂O と次のように反応する。
> $$CH_3COO^- + H_2O \rightleftarrows CH_3COOH + OH^-$$
> **OH⁻ が生じるから，水溶液は塩基性**を示す。この現象を **塩の加水分解** という。
>
> **補足** 1. 強酸と強塩基からなる正塩は加水分解せず，ほぼ中性を示す。
> 2. 強酸と弱塩基からなる正塩は加水分解して弱塩基と H⁺ を生じ，酸性を示す。
> 3. 弱酸と弱塩基からなる正塩は加水分解はするが，ほぼ中性である。

## 4 酸性塩の水溶液の性質

酸性塩の水溶液は，酸性を示すとは限らないが，同じ酸と塩基からなる正塩と酸性塩では，一般に次のようにいえる。

**酸性塩の水溶液は，正塩の水溶液より酸性側に寄る。**

**例**
- Na₂SO₄ 水溶液（正塩）：ほぼ中性
- NaHSO₄ 水溶液（酸性塩）：酸性
- Na₂CO₃ 水溶液（正塩）：塩基性
- NaHCO₃ 水溶液（酸性塩）：弱塩基性

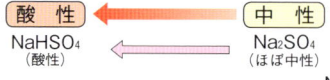

酸性 ← 中性 → 塩基性
NaHSO₄（酸性） ← Na₂SO₄（ほぼ中性）
NaHCO₃（弱塩基性） ← Na₂CO₃（塩基性）

**＋プラスα** 酸性塩は酸性を示すとは限らない。

### 例題25　塩の種類と水溶液の性質

次のア～オの水溶液について，(1)～(5)に当てはまるものを選べ。
ア　Na₂CO₃　　　　イ　KHSO₄　　　　ウ　Ba(NO₃)₂
エ　AlCl₃　　　　　オ　KHCO₃
(1) 酸性を示す正塩　(2) 酸性を示す酸性塩　(3) 塩基性を示す正塩
(4) 塩基性を示す酸性塩　(5) 中性を示す正塩

**解答**
ア　弱酸と強塩基からなる正塩　　イ　強酸と強塩基からなる酸性塩
ウ　強酸と強塩基からなる正塩　　エ　強酸と弱塩基からなる正塩
オ　弱酸と強塩基からなる酸性塩
(1) エ　(2) イ　(3) ア　(4) オ　(5) ウ　…**答**

# 4 中和反応の量的関係

## 1 中和における酸と塩基の量的関係

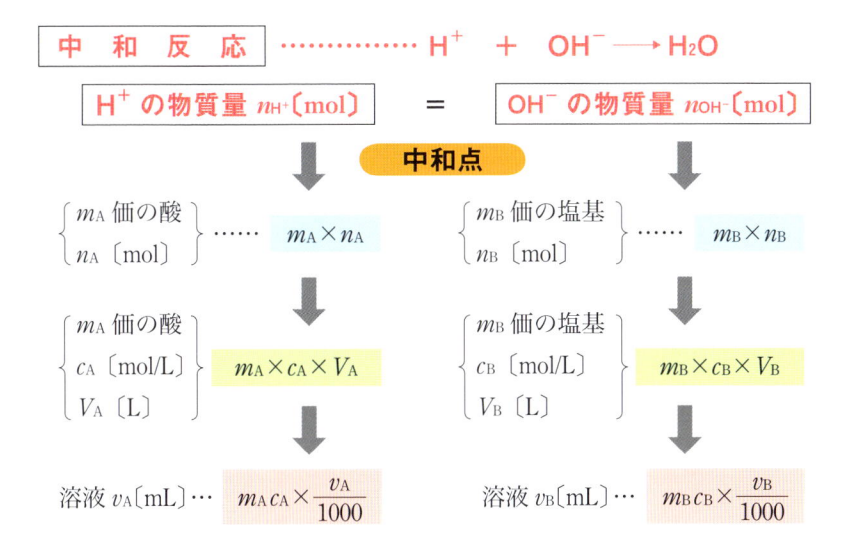

中和反応 …… $H^+ + OH^- \longrightarrow H_2O$

$H^+$ の物質量 $n_{H^+}$ 〔mol〕 = $OH^-$ の物質量 $n_{OH^-}$ 〔mol〕

中和点

$\begin{cases} m_A \text{ 価の酸} \\ n_A \text{〔mol〕} \end{cases}$ …… $m_A \times n_A$     $\begin{cases} m_B \text{ 価の塩基} \\ n_B \text{〔mol〕} \end{cases}$ …… $m_B \times n_B$

$\begin{cases} m_A \text{ 価の酸} \\ c_A \text{〔mol/L〕} \\ V_A \text{〔L〕} \end{cases}$ $m_A \times c_A \times V_A$     $\begin{cases} m_B \text{ 価の塩基} \\ c_B \text{〔mol/L〕} \\ V_B \text{〔L〕} \end{cases}$ $m_B \times c_B \times V_B$

溶液 $v_A$〔mL〕… $m_A c_A \times \dfrac{v_A}{1000}$      溶液 $v_B$〔mL〕… $m_B c_B \times \dfrac{v_B}{1000}$

① $H_2SO_4$ 水溶液 0.20 mol と中和する NaOH 水溶液の物質量 $x$〔mol〕，質量 $y$〔g〕，NaOH = 40

$\underbrace{2 \times 0.20 \text{〔mol〕}}_{n_{H^+}} = \underbrace{1 \times x \text{〔mol〕}}_{n_{OH^-}}$     $x = 0.40$〔mol〕

$2 \times 0.20$〔mol〕 $= 1 \times \dfrac{y}{40}$〔mol〕     $y = 16$〔g〕

② $\begin{cases} 0.20 \text{ mol/L の } H_2SO_4 \text{ 水溶液} \\ 250 \text{ mL} \end{cases}$ と中和する $\begin{cases} 0.50 \text{ mol/L の NaOH 水溶液の} \\ \text{体積 } z \text{〔mL〕} \end{cases}$

$\underbrace{2 \times 0.20 \times \dfrac{250}{1000}}_{n_{H^+}} = \underbrace{1 \times 0.50 \times \dfrac{z}{1000}}_{n_{OH^-}}$     $z = 200$〔mL〕

例題26　中和における酸・塩基の量的関係

次の問いに答えよ。式量は $Ca(OH)_2 = 74$，$NaOH = 40$ とする。

(1) HCl 1.0 mol を中和するのに $Ca(OH)_2$ を何 g 必要とするか。
(2) 0.25 mol/L の硫酸 20 mL と過不足なく中和する 0.20 mol/L の水酸化ナトリウム水溶液は何 mL か。
(3) 0.80 g の NaOH を中和するのに，0.50 mol/L の塩酸を何 mL 必要とするか。

解答

(1) 中和点においては，酸の $H^+$ の物質量 $n_{H^+}$〔mol〕と塩基の $OH^-$ の物質量 $n_{OH^-}$〔mol〕は等しくなる。求める $Ca(OH)_2$ の質量を $x$〔g〕とすると $Ca(OH)_2$ は式量 74 で 2 価の塩基，HCl は 1 価の酸であるから，次の式が成り立つ。

$n_{H^+} = n_{OH^-}$　より

$$1 \times 1.0 = 2 \times \frac{x}{74} \qquad x = 37 \text{〔g〕} \quad \cdots 答$$

(2) 0.25 mol/L の硫酸 20 mL 中に存在する $H^+$ の物質量 $n_{H^+}$〔mol〕は，$H_2SO_4$ が 2 価の酸であることから

$$n_{H^+} = 2 \times 0.25 \times \frac{20}{1000} = 1.0 \times 10^{-2} \text{〔mol〕}$$

求める 0.20 mol/L の水酸化ナトリウム水溶液の体積を $y$〔mL〕とすると，NaOH は 1 価の塩基であるから，中和に使われる $OH^-$ の物質量 $n_{OH^-}$〔mol〕は

$$n_{OH^-} = 1 \times 0.20 \times \frac{y}{1000} \text{〔mol〕}$$

$n_{H^+} = n_{OH^-}$　より

$$1.0 \times 10^{-2} = 1 \times 0.20 \times \frac{y}{1000} \qquad y = 50 \text{〔mL〕} \quad \cdots 答$$

(3) 0.80 g の NaOH から生じる $OH^-$ の物質量 $n_{OH^-}$〔mol〕は

$$n_{OH^-} = 1 \times \frac{0.80}{40} = 2.0 \times 10^{-2} \text{〔mol〕}$$

HCl は 1 価の酸であるから，求める塩酸の体積を $z$〔mL〕とすると，次の式が成り立つ。

$n_{H^+} = n_{OH^-}$　より

$$1 \times 0.50 \times \frac{z}{1000} = 2.0 \times 10^{-2} \qquad z = 40 \text{〔mL〕} \quad \cdots 答$$

## 2 酸・塩基の計算問題の考え方

### 例題27　酸・塩基の量的関係

0.200 mol/L の希硫酸 50.0 mL に，ある量のアンモニアを吸収させた。残った硫酸を中和するのに 0.250 mol/L の水酸化ナトリウム水溶液を 30.0 mL 要した。吸収させたアンモニアの体積は，標準状態で何 L か。

**解答**

溶液のモル濃度と体積から溶液中の酸・塩基の物質量を求める。2種類以上の酸または塩基が関与する場合の中和においても　**$H^+$ の物質量＝$OH^-$ の物質量**　の関係は成り立つ。

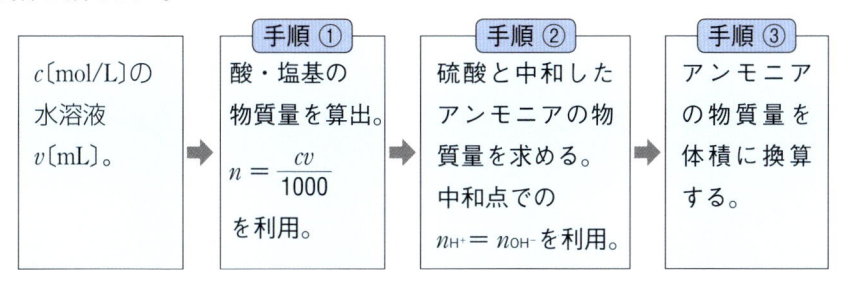

| $c$〔mol/L〕の水溶液 $v$〔mL〕。 | 手順① 酸・塩基の物質量を算出。$n=\dfrac{cv}{1000}$ を利用。 | 手順② 硫酸と中和したアンモニアの物質量を求める。中和点での $n_{H^+}=n_{OH^-}$ を利用。 | 手順③ アンモニアの物質量を体積に換算する。 |
|---|---|---|---|

【手順①】0.200 mol/L の希硫酸 50.0 mL 中の $H_2SO_4$ の物質量，および 0.25 mol/L の水酸化ナトリウム水溶液 30.0 mL 中の NaOH の物質量は

$$H_2SO_4 \cdots\cdots 0.200 \times \frac{50.0}{1000} = 1.00 \times 10^{-2} \text{〔mol〕}$$

$$NaOH \cdots\cdots 0.25 \times \frac{30.0}{1000} = 7.50 \times 10^{-3} \text{〔mol〕}$$

【手順②】硫酸と中和したアンモニアの物質量を $x$〔mol〕とすると，$H_2SO_4$ は2価の酸，$NH_3$，NaOH は1価の塩基で，中和点では **$H^+$ の物質量＝$OH^-$ の物質量** の関係が成り立つから，次の式が得られる。

$$2 \times 1.00 \times 10^{-2} = 1 \times 7.50 \times 10^{-3} + 1 \times x$$

これより　$x = 1.25 \times 10^{-2}$〔mol〕

【手順③】標準状態において，1 mol の気体の体積は 22.4 L であるから，$1.25 \times 10^{-2}$ mol のアンモニアの体積は，次のようになる。

$$1.25 \times 10^{-2} \times 22.4 = \mathbf{0.280 \text{〔L〕}} \quad \cdots \text{答}$$

### 例題28　酸・塩基の混合水溶液の pH

0.0050 mol/L の水酸化ナトリウム水溶液 180 mL と 0.0050 mol/L の塩酸 120 mL を混合したとき，この混合水溶液の pH はいくらか。

**解答**

塩基（水酸化ナトリウム）水溶液中の $OH^-$ の物質量と酸（塩酸）水溶液中の $H^+$ の物質量を求める。混合水溶液中では，$H^+ > OH^-$ のとき多い分だけ $H^+$ が残り，$OH^- > H^+$ のとき多い分だけ $OH^-$ が残る。残った $H^+$ または $OH^-$ の物質量と溶液の体積から $H^+$ または $OH^-$ のモル濃度を求め，pH を計算する。

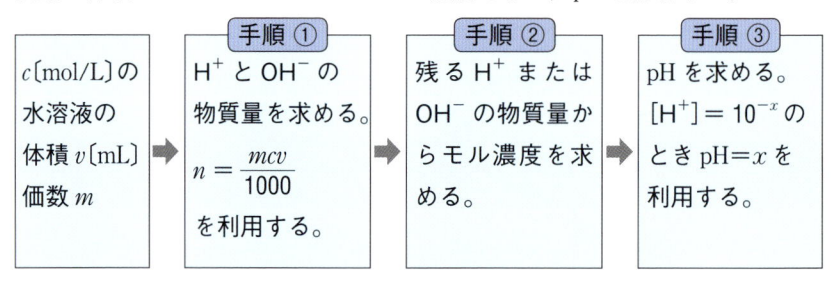

| $c$ [mol/L] の水溶液の体積 $v$ [mL] 価数 $m$ | → | 手順① $H^+$ と $OH^-$ の物質量を求める。 $n = \dfrac{mcv}{1000}$ を利用する。 | → | 手順② 残る $H^+$ または $OH^-$ の物質量からモル濃度を求める。 | → | 手順③ pH を求める。 $[H^+] = 10^{-x}$ のとき pH$=x$ を利用する。 |

【手順①】0.0050 mol/L の NaOH 水溶液 180 mL 中の $OH^-$ の物質量と 0.0050 mol/L の塩酸 120 mL 中の $H^+$ の物質量は

**$OH^-$ の物質量**　　$0.0050 \times \dfrac{180}{1000} = 9.0 \times 10^{-4}$ 〔mol〕

**$H^+$ の物質量**　　$0.0050 \times \dfrac{120}{1000} = 6.0 \times 10^{-4}$ 〔mol〕

【手順②】酸水溶液と塩基水溶液を混合すると，$H^+ + OH^- \longrightarrow H_2O$ の反応が起こるが，$OH^- > H^+$ から，水溶液中に $OH^-$ が残る。その物質量は

$9.0 \times 10^{-4} - 6.0 \times 10^{-4} = 3.0 \times 10^{-4}$ 〔mol〕

これが水溶液（180 + 120）mL 中に残るから，$OH^-$ のモル濃度 $[OH^-]$ は

$[OH^-] = 3.0 \times 10^{-4} \times \dfrac{1000}{180 + 120} = 1.0 \times 10^{-3}$ 〔mol/L〕

【手順③】$[H^+][OH^-] = 1.0 \times 10^{-14}$ の関係を利用して $[H^+]$ を求めると

$[H^+] = \dfrac{1.0 \times 10^{-14}}{1.0 \times 10^{-3}} = 1.0 \times 10^{-11}$ 〔mol/L〕

$[H^+] = 10^{-x}$ のとき　pH$=x$ なので　**pH=11**　…答

## 3 中和滴定

　中和の量的関係を利用すると，酸と塩基の水溶液のどちらか一方の濃度がわかっていれば，中和に用いた体積の測定からもう一方の水溶液の濃度も求められる。このような操作を**中和滴定**という。

### ■ シュウ酸水溶液による水酸化ナトリウム水溶液の滴定

#### Ⓐ 0.0500 mol/L のシュウ酸標準溶液の調製

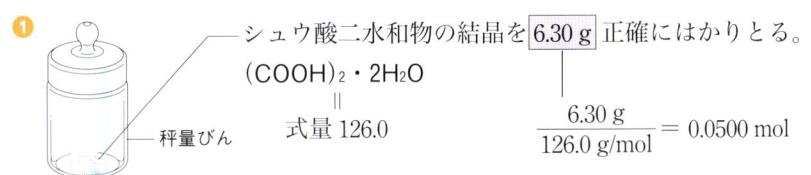

❶ シュウ酸二水和物の結晶を 6.30 g 正確にはかりとる。
　(COOH)$_2$・2H$_2$O
　＝ 式量 126.0

$$\frac{6.30 \text{ g}}{126.0 \text{ g/mol}} = 0.0500 \text{ mol}$$

秤量びん

❷ シュウ酸の結晶 6.30 g（0.0500 mol）をメスフラスコに入れ，蒸留水を入れてよく溶かし，全量を 1000 mL としてシュウ酸水溶液をつくる。

　メスフラスコ
　標線
　シュウ酸標準溶液 0.0500 mol/L
　1000 mL

　シュウ酸水溶液の濃度＝ 0.0500 mol/L

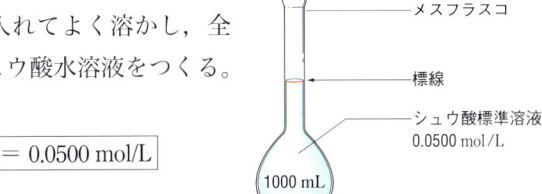

#### Ⓑ 約 0.1 mol/L の水酸化ナトリウム水溶液の滴定

❶ シュウ酸水溶液 10.0 mL を**ホールピペット**を用いて正確にはかりとり，コニカルビーカーまたは三角フラスコに入れる。

　標線　10.0 mL 口で吸い上げる。
　ホールピペット
　シュウ酸標準溶液
　コニカルビーカー
　メニスカス（くぼんだ部分）

❷ シュウ酸水溶液に，指示薬としてフェノールフタレイン溶液を 1〜2 滴加える。これに**ビュレット**内の水酸化ナトリウム水溶液を滴下し，中和点までの滴下量を読み取る。

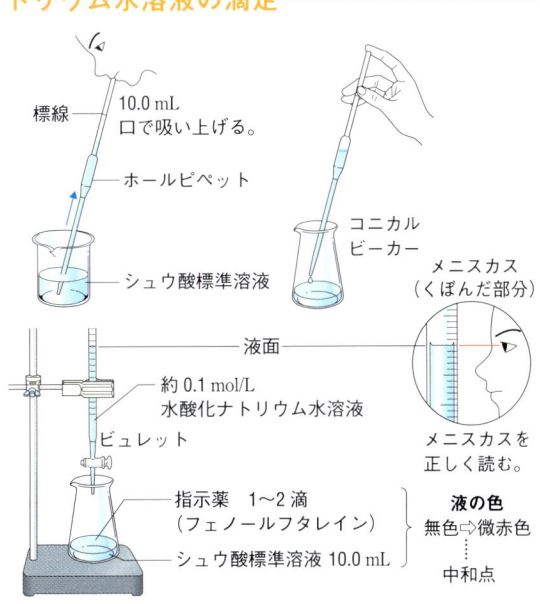

　約 0.1 mol/L 水酸化ナトリウム水溶液
　ビュレット
　液面
　メニスカスを正しく読む。
　指示薬　1〜2 滴（フェノールフタレイン）
　シュウ酸標準溶液 10.0 mL
　液の色　無色 ⇨ 微赤色　中和点

## ◎水酸化ナトリウム水溶液の濃度の計算

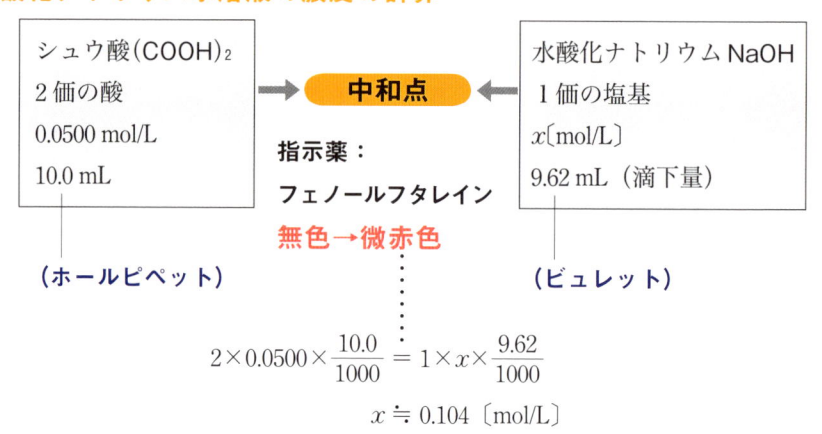

| シュウ酸(COOH)$_2$<br>2価の酸<br>0.0500 mol/L<br>10.0 mL | → 中和点 ← | 水酸化ナトリウム NaOH<br>1価の塩基<br>$x$〔mol/L〕<br>9.62 mL（滴下量） |
|---|---|---|
| （ホールピペット） | 指示薬：<br>フェノールフタレイン<br>無色→微赤色 | （ビュレット） |

$$2 \times 0.0500 \times \frac{10.0}{1000} = 1 \times x \times \frac{9.62}{1000}$$

$$x \fallingdotseq 0.104 〔mol/L〕$$

### 例題29　中和滴定

次の文を読み，下の(1)，(2)に答えよ。

濃度不明の希硫酸 10.0 mL を<u>器具 X</u> を用いて正確にはかりとり，コニカルビーカーに入れ，これにフェノールフタレイン溶液を1～2滴加えてから，<u>器具 Y</u> に入れてある 0.12 mol/L の水酸化ナトリウム水溶液を滴下したら，25.0 mL 加えたところで中和点に達した。

(1) 文中の下線部の器具 X, Y について，適した器具の名称を記せ。
(2) 希硫酸の濃度は何 mol/L か。

**解答**

(1) 器具 X は，水溶液を一定体積だけ正確にはかりとる器具であるから，ホールピペットが適している。　X：**ホールピペット**　…答

器具 Y は，溶液の滴下量を正確にはかりとる器具であるから，ビュレットが適している。　Y：**ビュレット**　…答

(2) $H_2SO_4$ は2価の酸で，NaOH は1価の塩基であるから，求める希硫酸の濃度を $x$〔mol/L〕とすると，中和点において次の式が成り立つ。

$$2 \times x \times \frac{10.0}{1000} = 1 \times 0.12 \times \frac{25.0}{1000}$$

これより　　**$x = 0.15$〔mol/L〕**　…答

## 実験 食酢中の酸の濃度を調べる

**目的** シュウ酸標準溶液を用いて，水酸化ナトリウム水溶液の濃度を滴定によって求め，その水酸化ナトリウム水溶液を用いて10倍にうすめた食酢中の酸の濃度を求める。

――― 実験手順 ―――

【1】 シュウ酸標準溶液による水酸化ナトリウム水溶液の滴定

❶ 約 0.1 mol/L の水酸化ナトリウム水溶液を少量ビュレットに入れ，ビュレット内を洗った後，活栓を閉じ，水酸化ナトリウム水溶液を入れる。
　　活栓を開き水溶液を少し流出させて，活栓と先端との間に気泡が残らないように注意しながら水溶液を先端まで満たす。
　　このときの目盛りを読み，それを記録する。

❷ 0.0500 mol/L のシュウ酸水溶液でホールピペットを洗浄した後，それを用いてシュウ酸水溶液 10.0 mL をコニカルビーカーにとり，フェノールフタレイン溶液を 1～2 滴加える。

❸ ビュレットの活栓を回して，水酸化ナトリウム水溶液をシュウ酸水溶液の入ったコニカルビーカー中に滴下し，振り混ぜる。シュウ酸水溶液がわずかに赤色に着色し，軽く振っても赤色が消えなくなったところで滴下をやめ，ビュレットの液面の目盛りを読む。

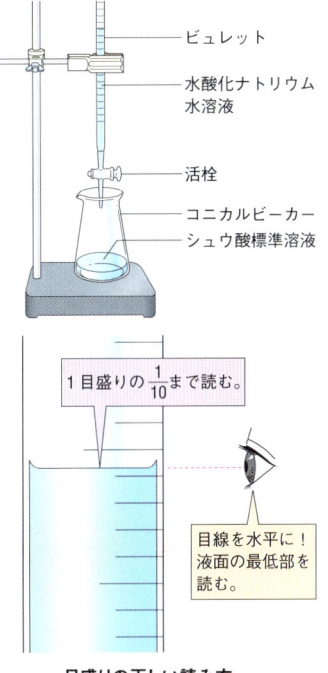

❹ ❷，❸の操作を3回繰り返し，滴下量の平均値を求める。
　ただし，ホールピペットの洗浄は最初の1回だけでよい。

【2】 食酢中の酸の濃度の測定

❺ ホールピペットを一度食酢で洗ってから，食酢 10.0 mL をはかりとり，メスフラスコに入れ，純水を加えて 100 mL の水溶液をつくる。

❻ ホールピペットを❺の水溶液で一度洗ってから，❺の水溶液 10.0 mL をコニカルビーカーにとり，❷，❸と同様の操作を行う。

❼ 食酢水溶液についても操作を3回繰り返し，滴下量の平均値を求める。

**結果**

**【1】 シュウ酸水溶液への水酸化ナトリウム水溶液の滴下量 (mL)**

| 1回目 | 2回目 | 3回目 | 平均 |
|---|---|---|---|
| 9.46 | 9.39 | 9.41 | 9.42 |

**【2】 10倍にうすめた食酢水溶液への水酸化ナトリウム水溶液の滴下量 (mL)**

| 1回目 | 2回目 | 3回目 | 平均 |
|---|---|---|---|
| 6.75 | 6.70 | 6.73 | 6.73 |

**考察**

**【1】 滴定に用いた水酸化ナトリウム水溶液のモル濃度**

シュウ酸 $(COOH)_2$ は2価の酸で，0.0500 mol/L 水溶液 10.0 mL を中和するのに水酸化ナトリウム水溶液を 9.42 mL 要したのであるから，求める濃度を $x$〔mol/L〕とすると，次の式が成り立つ。

$$2 \times 0.0500 \times \frac{10.0}{1000} = 1 \times x \times \frac{9.42}{1000}$$

$$x \fallingdotseq 0.106 \text{〔mol/L〕}$$

**【2】 食酢中の酸の濃度**

食酢中の酸をすべて酢酸 $CH_3COOH$ であるとすると，10倍にうすめた食酢水溶液における酢酸の濃度 $y$〔mol/L〕は，次のようになる。

$$1 \times y \times \frac{10.0}{1000} = 1 \times 0.106 \times \frac{6.73}{1000}$$

$$y \fallingdotseq 0.0713 \text{〔mol/L〕}$$

したがって，もとの食酢中の酢酸の濃度は，次のようになる。

$$0.0713 \text{ mol/L} \times 10 = 0.713 \text{ mol/L}$$

**【3】 食酢の密度を 1.02 g/cm$^3$ とし，食酢中の酸をすべて酢酸とした場合の食酢中の酢酸の質量パーセント濃度**

食酢 1 L (1000 cm$^3$) について考えると，食酢 1 L の質量は

$$1000 \times 1.02 = 1020 \text{〔g〕}$$

この食酢中に酢酸 $CH_3COOH$（分子量 60.0）は 0.713 mol 含まれることから，その質量は

$$60.0 \text{ g/mol} \times 0.713 \text{ mol} \fallingdotseq 42.8 \text{ g}$$

よって，求める質量パーセント濃度は

$$\frac{42.8}{1020} \times 100 \fallingdotseq 4.20 \text{〔%〕}$$

## 4 中和滴定曲線

### ⓐ 強酸と強塩基の中和と pH

0.100 mol/L の塩酸 10.00 mL に，0.100 mol/L の水酸化ナトリウム水溶液を少しずつ滴下した場合の水溶液の pH の変化は，**図 2-7** のようになる。このような曲線を**中和滴定曲線**という。

この図からわかるように，HCl のような強酸と NaOH のような強塩基の中和反応においては，中和点における水溶液の pH は 7 に近く，この付近では，滴下する水酸化ナトリウム水溶液 1 ～ 2 滴で pH が著しく変化する。このため，強酸と強塩基の中和滴定においては，指示薬として，**フェノールフタレイン**や**メチルオレンジ**を用いることができる。

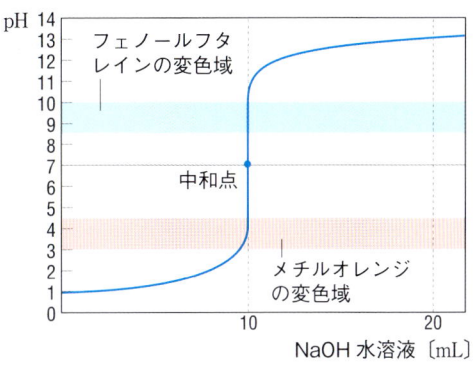

**図 2-7 HCl と NaOH の滴定曲線**

### ⓑ 弱酸と強塩基の中和と pH

酢酸 $CH_3COOH$ のような弱酸を NaOH のような強塩基で中和滴定する場合，中和滴定曲線は**図 2-8** の黒線のようになり，中和点の pH は 7 より大きく（弱塩基性）なる。よって，弱酸を強塩基で滴定する場合，指示薬として**フェノールフタレイン**を用いることは適当であるが，**メチルオレンジを用いることは不適当**である。

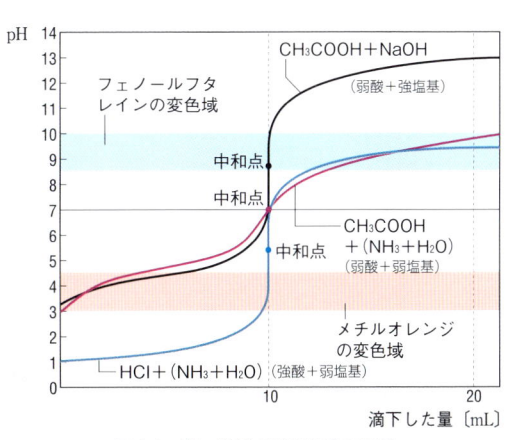

**図 2-8 酸・塩基の強弱と滴定曲線**

### ⓒ 強酸と弱塩基の中和と pH

強酸と弱塩基の中和滴定では，**図 2-8** の青線のようになり，中和点の pH が 7 より小さい（酸性）ため，**メチルオレンジ**を用いることは適当であるが，**フェノールフタレインを用いることは不適当**である。

### ❶ 弱酸と弱塩基の中和と pH

弱酸と弱塩基の中和反応では，**図 2-8** の赤線のようになり，中和点付近で pH が急激に変化しないので，**適当な指示薬がない**。

> **POINT**
>
> 強酸・強塩基の滴定 ⇨ { フェノールフタレイン
> 　　　　　　　　　　　　 メチルオレンジ
>
> 弱酸・強塩基の滴定 ⇨ フェノールフタレイン
>
> 強酸・弱塩基の滴定 ⇨ メチルオレンジ
>
> 酢酸・シュウ酸水溶液を水酸化ナトリウム水溶液で滴定する場合には指示薬としてフェノールフタレインが使われ，塩酸をアンモニア水で滴定する場合にはメチルオレンジが使われる。

---

### 発展　緩衝液

#### 1 緩衝液

滴定曲線からわかるように，中性に近い水溶液では，塩酸や水酸化ナトリウムを少量加えると pH が大きく変化する。しかし，弱酸にその弱酸の塩を混合した水溶液は，少量の酸や塩基を加えても pH はほぼ変化しない。このような溶液を**緩衝液**という。

#### 2 緩衝液のしくみ

弱酸と弱酸の塩を適当に混合した溶液の場合で考えると，例えば，0.3 mol の酢酸と 0.3 mol の酢酸ナトリウムを水に溶かして 1 L とした溶液の pH は 4.73 を示し，これに少量の塩酸や水酸化ナトリウムを加えても pH がほとんど変化しない。これは反応が次のように進むためである。

混合溶液では，次の 2 つの電離が起こっている。

$$CH_3COOH \rightleftarrows H^+ + CH_3COO^- \quad \cdots\cdots\cdots ①$$
$$CH_3COONa \longrightarrow Na^+ + CH_3COO^- \quad \cdots\cdots\cdots ②$$

②はイオン結晶のためほとんど完全に電離し，$CH_3COO^-$ の濃度は大きい。このため①の電離は左に片寄り，$H^+$ の濃度は小さくなっている。(pH = 4.73)

この混合溶液に $H^+$ を加えると，①の式の平衡は左に移動して $CH_3COOH$ を生じ，$H^+$ が減少して $[H^+]$ はほぼ一定に保たれる。$OH^-$ を加えると $H^+$ が反応して $H_2O$ となり，$H^+$ は減少するが，$CH_3COOH$ が電離して $H^+$ を生じ，やはり $[H^+]$ はほぼ一定に保たれる。

> **＋プラスα**
>
> (弱酸＋弱酸の塩)，(弱塩基＋弱塩基の塩)の水溶液は，緩衝液になる。

## 参考 二段階中和と滴定曲線

炭酸ナトリウム $Na_2CO_3$ 水溶液に塩酸 HCl を加えると，2段階の中和反応が起こる。

$Na_2CO_3 + HCl \longrightarrow NaHCO_3 + NaCl$ ………(i)
$NaHCO_3 + HCl \longrightarrow NaCl + H_2O + CO_2$ ………(ii)

0.10 mol/L の炭酸ナトリウム水溶液 10 mL に 0.10 mol/L の塩酸で滴定すると，右図のような2段階の滴定曲線になる。

この滴定曲線の着目点は次の ⓐ～ⓒ である。

ⓐ 塩酸の滴下量 0～10 mL のときの反応は(i)式。
10～20 mL のときの反応は(ii)式。

ⓑ i 式の中和点① の指示薬はフェノールフタレイン。
(ii)式の中和点② の指示薬はメチルオレンジ。

ⓒ （滴下量 0～10 mL で反応した HCl の物質量）
＝（$Na_2CO_3$ の物質量）
＝（滴下量 10～20 mL で反応した HCl の物質量）

第一段階か第二段階の中和点までの，塩酸の滴下量のどちらかがわかれば，$Na_2CO_3$ の物質量がわかる。

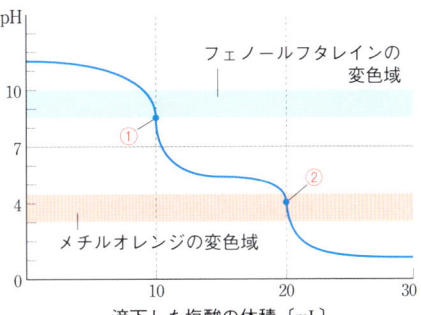

図 2-9 $Na_2CO_3$ 水溶液と塩酸の滴定曲線

### 例題30 二段階中和滴定

右図は炭酸ナトリウム $Na_2CO_3$ を水に溶かし 100 mL とした水溶液 10.0 mL をとり，0.50 mol/L の希塩酸を滴下したときの滴定曲線である。

(1) 図中の $x$ の値はどれだけか。
(2) はじめ溶かした炭酸ナトリウムは何 mol か。

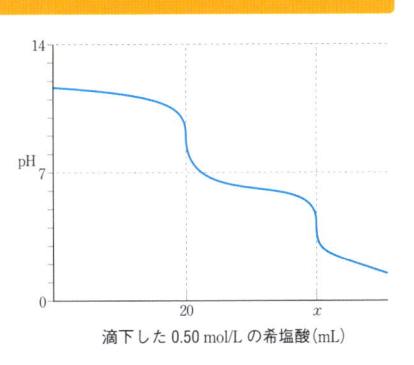

**解答**

(1) 第1段階と同じ量の塩酸が反応するから
20＋20＝**40（mL）** …**答**

(2) 反応した $Na_2CO_3$ の物質量は，第1段階の塩酸の物質量と等しいから
$0.50 \times \dfrac{20}{1000} \times \dfrac{100}{10.0} =$ **0.10（mol）** …**答**

# 5 酸性酸化物と塩基性酸化物

## 1 酸性酸化物

二酸化炭素 $CO_2$ や二酸化硫黄 $SO_2$ は，水に溶けるとその一部が水と反応して水素イオン $H^+$ を生じるので**酸性**を示す。

$$CO_2 + H_2O \rightleftarrows H^+ + HCO_3^- \quad SO_2 + H_2O \rightleftarrows H^+ + HSO_3^-$$

また，$CO_2$ や $SO_2$ は，塩基水溶液と中和反応して塩と水が生成する。

$$Ca(OH)_2 + CO_2 \longrightarrow CaCO_3 + H_2O$$
$$2NaOH + SO_2 \longrightarrow Na_2SO_3 + H_2O$$

このことから，$CO_2$ や $SO_2$ のような**非金属元素の酸化物**を**酸性酸化物**という。

## 2 塩基性酸化物

酸化ナトリウム $Na_2O$ や酸化カルシウム $CaO$ は，水を加えると反応して水酸化ナトリウムや水酸化カルシウムなどの**塩基**となる。

$$Na_2O + H_2O \longrightarrow 2NaOH \quad CaO + H_2O \longrightarrow Ca(OH)_2$$

また，これらの酸化物は酸と中和反応して塩と水が生成する。

$$Na_2O + 2HCl \longrightarrow 2NaCl + H_2O$$

酸化鉄(Ⅱ) $FeO$ や酸化銅(Ⅱ) $CuO$ は，水に溶けにくいが，酸と中和反応して塩と水が生成する。

$$FeO + 2HCl \longrightarrow FeCl_2 + H_2O$$
$$CuO + H_2SO_4 \longrightarrow CuSO_4 + H_2O$$

このことから，一般に**金属元素の酸化物**を**塩基性酸化物**という。

> **POINT**
> 非金属元素の酸化物 ⇨ 酸性酸化物
> 金属元素の酸化物 ⇨ 塩基性酸化物
> 〔例外〕CO, NO は，非金属元素の酸化物であるが，酸性酸化物ではない。

(補足) $Al_2O_3$ や $ZnO$ などは酸・強塩基のいずれとも中和反応し，**両性酸化物**という。

## この章で学んだこと

この章では，酸・塩基の性質と水溶液における反応について学習した。性質では$H^+$，$OH^-$を基本に酸・塩基の強弱やpHなどを学習し，反応でも$H^+$，$OH^-$を基本として中和反応，これらの物質量を基準としてその量的関係を学習した。また，塩の種類や性質，中和滴定曲線，酸化物と酸・塩基との関係へと発展させた。

---

### 1 酸と塩基

**1 性質** 酸性：$H^+$による。
塩基性：$OH^-$による。

**2 定義** アレーニウス：電離して$H^+$($OH^-$)を生じるものが酸(塩基)。
ブレンステッド：反応において$H^+$を与える(受け取る)ものが酸(塩基)。

**3 価数** 酸：1分子がもつ$H^+$の数。
塩基：組成式中の$OH^-$の数。

**4 酸の強弱** 水に溶けて電離度が大きい酸が強酸。小さい酸が弱酸。

**5 塩基の強弱** 水に溶けて$OH^-$を多く出す塩基が強塩基。水に溶けにくい塩基，および電離度の小さい塩基が弱塩基。

**6 酸・塩基の[$H^+$]，[$OH^-$]**
[$H^+$]=(1価の酸のモル濃度)×(電離度)
[$OH^-$]=(1価の塩基のモル濃度)×(電離度)

### 2 水素イオン濃度とpH

**1 水溶液中の[$H^+$]，[$OH^-$]**
[$H^+$][$OH^-$]=$1.0 \times 10^{-14}$ (mol/L)$^2$
➡これを**水のイオン積**という。

**2 pH** [$H^+$]=$10^{-x}$ mol/L のとき
pH=$x$
➡ pH=$-\log[H^+]$

**3 水溶液の酸性・塩基性・pH**
酸性：[$H^+$]>$10^{-7}$ mol/L, pH<7
中性：[$H^+$]=$10^{-7}$ mol/L, pH=7
塩基性：[$H^+$]<$10^{-7}$ mol/L, pH>7

**4 pH指示薬** pHによって特有の色を示す色素。

### 3 中和反応と塩

**1 中和反応** 酸と塩基が反応して塩と水が生じる。$H^+ + OH^- \longrightarrow H_2O$

**2 塩の種類**
(a) 正塩：$H^+$も$OH^-$も残っていない塩。
(b) 酸性塩：$H^+$が残っている塩。
(c) 塩基性塩：$OH^-$が残っている塩。

**3 正塩の水溶液の性質**
(a) 強酸と強塩基からなる塩：ほぼ中性
(b) 弱酸と強塩基からなる塩：塩基性
(c) 強酸と弱塩基からなる塩：酸性
➡(b)と(c)は加水分解による。

### 4 中和反応の量的関係

**1 中和反応の酸・塩基の量的関係**
$c$ [mol/L]の$m$価の酸$v$ [mL]と
$c'$ [mol/L]の$m'$価の塩基$v'$ [mL]
とが，中和するとき
$$m \times c \times \frac{v}{1000} = m' \times c' \times \frac{v'}{1000}$$

**2 中和滴定** **1**を利用して酸・塩基の濃度を求める操作。

**3 中和滴定曲線** 中和滴定で加えた酸・塩基の体積とpHの関係のグラフ。

### 5 酸性酸化物と塩基性酸化物

**1 酸性酸化物** 非金属元素の酸化物。水溶液は酸性。塩基と中和反応。

**2 塩基性酸化物** 金属元素の酸化物。酸と中和反応。

## 確認テスト 2

解答・解説は p.190

**1** 次の(ア)〜(オ)の反応において，下線を付けた分子またはイオンが，ブレンステッドの定義にもとづいて，酸として作用しているものはいくつあるか，その数を記せ。

(ア) $\underline{CH_3COOH} + H_2O \longrightarrow CH_3COO^- + H_3O^+$
(イ) $NH_3 + \underline{H_2O} \longrightarrow NH_4^+ + OH^-$
(ウ) $\underline{C_6H_5O^-} + H_2CO_3 \longrightarrow C_6H_5OH + HCO_3^-$
(エ) $CH_3COOH + \underline{HCO_3^-} \longrightarrow CH_3COO^- + H_2CO_3$
(オ) $\underline{CH_3COO^-} + H_2O \longrightarrow CH_3COOH + OH^-$

> **ヒント**
> 反応の前後で水素イオン $H^+$ を失っていれば，酸として作用している。

**2** 次の水溶液の水素イオンのモル濃度を求めよ。
(1) 0.20 mol/L の希塩酸
(2) 0.050 mol/L の水酸化ナトリウム水溶液
(3) 電離度 0.040，0.010 mol/L の酢酸水溶液
(4) 電離度 0.010，0.20 mol/L のアンモニア水

> **ヒント**
> 強酸・強塩基では価数を，弱酸・弱塩基では電離度をもとに$[H^+]$，$[OH^-]$を求める。

**3** 次の水溶液の pH を求めよ。
(1) 0.10 mol/L の塩酸 1.0 mL を水でうすめて 100 mL とした水溶液
(2) 0.0050 mol/L の $Ba(OH)_2$ 水溶液
(3) 電離度 0.010，0.10 mol/L の酢酸水溶液
(4) 電離度 0.020，0.050 mol/L のアンモニア水

> **ヒント**
> $[H^+]$，$[OH^-]$をまず求め，
> $[H^+][OH^-]$
> $= 1.0 \times 10^{-14}$ $(mol/L)^2$，
> $[H^+] = 10^{-pH}$ (mol/L)
> を利用する。

**4** 次の酸と塩基の中和反応を化学反応式で表せ。
(1) 塩酸と水酸化カルシウム
(2) 硫酸とアンモニア
(3) 硫酸と水酸化アルミニウム

> **ヒント**
> 酸の $H^+$ と塩基の $OH^-$ の数が等しくなるように係数をつける。

**5** 次の(A)〜(D)の塩の水溶液をpHの大きい方から順に並べよ。ただし，濃度はいずれも 0.1 mol/L とする。
(A) $CaCl_2$　　(B) $NaHCO_3$
(C) $KHSO_4$　　(D) $Na_2CO_3$

水溶液で，正塩は構成する酸・塩基の強い方の性質を示す。酸性塩は，正塩より酸性側による。

**6** 次の文を読み，あとの問いに答えよ。
　食酢中の酢酸の濃度を求めるために，次の実験を行った。食酢 10.0 mL を(X)を用いてとり，(Y)に入れ，純水を加えて 100.0 mL とした。このうすめた食酢水溶液 10.0 mL を別の(X)を用いてとり，コニカルビーカーに移し，(Z)に入っている 0.108 mol/L の水酸化ナトリウム水溶液で滴定したら，中和するのに 6.62 mL を要した。
問1　実験器具(X)，(Y)，(Z)の名称を記せ。
問2　この中和滴定に用いられる適当な指示薬の名称を1つ記せ。
問3　もとの食酢中の酢酸の濃度は何 mol/L か。有効数字3桁で答えよ。ただし，食酢中の酸はすべて酢酸であるものとする。

中和点では，酢酸の出す $H^+$ の物質量と水酸化ナトリウムの出す $OH^-$ の物質量は等しくなる。

**7** 次の(1)，(2)に答えよ。式量を，NaOH = 40 とする。
(1) 0.12 mol/L の希硫酸 20 mL を中和するのに必要とする 0.15 mol/L の NaOH 水溶液は何 mL か。
(2) NaOH と NaCl の混合物 1.20 g を水に溶かして 40 mL とし，これを 0.80 mol/L の塩酸で中和したら，30.0 mL を要した。混合物中の NaOH の純度は何％か。

酸の $H^+$ の物質量 ＝塩基の $OH^-$ の物質量の関係を利用する。

**8** 下の(ア)〜(オ)の物質の組み合わせのうち，(1)，(2)に当てはまるものを選べ。
(1) 酸性酸化物　　(2) 塩基性酸化物
(ア) $Na_2O$, $CO_2$　　(イ) $FeO$, $CaO$
(ウ) $NO_2$, $CO$　　(エ) $SO_2$, $CO_2$
(オ) $NO_2$, $CuO$

一般に，非金属元素の酸化物は酸性酸化物である。CO と NO は例外。金属元素の酸化物は塩基性酸化物である。

# 第3章
# 酸化還元反応

### この章で学習するポイント

☐ 酸化・還元について
　酸素・水素の授受と酸化・還元
　電子の授受と酸化・還元
　酸化数と酸化・還元

☐ 酸化剤・還元剤について
　酸化剤・還元剤
　酸化剤と還元剤の反応（酸化還元反応）
　酸化剤と還元剤の反応の量的関係（酸化還元滴定）

☐ 金属のイオン化傾向について
　金属のイオン化傾向とイオン化列
　金属のイオン化傾向と反応性

☐ 電池と電気分解について
　電池のしくみ
　電気分解のしくみ

# 1 酸化・還元

## 1 酸素・水素の授受と酸化・還元

### Ⓐ 酸素の授受と酸化・還元

銅 Cu の粉末を空気中で加熱すると，黒色の酸化銅（Ⅱ） CuO となる。

$$2Cu + O_2 \longrightarrow 2CuO$$

（酸化されて）

このように，**物質が酸素と化合する反応を 酸化** といい，「銅は **酸化されて**，酸化銅（Ⅱ）になった」という。

図 3-1　Cu の酸化

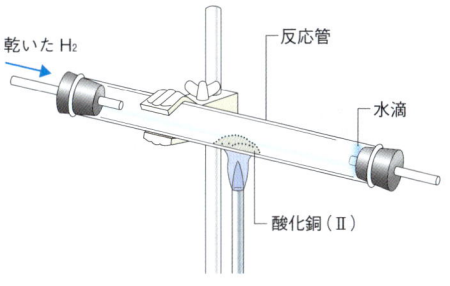

また，酸化銅（Ⅱ）を加熱しながら水素を通じると，赤色の銅にもどる。

$$CuO + H_2 \longrightarrow Cu + H_2O$$

（還元されて）

このように，酸化物または酸素を含む化合物が，**酸素を失う反応を 還元** といい，「酸化銅（Ⅱ）は **還元されて**，銅になった」という。

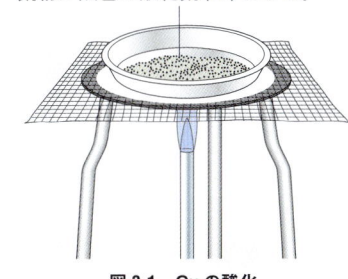

図 3-2　CuO の $H_2$ による還元

### Ⓑ 水素の授受と酸化・還元

集気ビン中で，硫化水素（気体）を燃焼させると，内壁に黄色の硫黄が付着する。

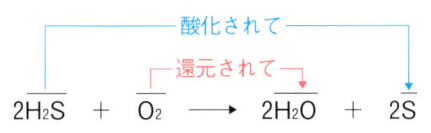

$$2H_2S + O_2 \longrightarrow 2H_2O + 2S$$

（酸化されて／還元されて）

上の反応は，酸素の反応なので酸化であるが，S の酸化物は生成していない。このとき $H_2S$ は，水素を失い，S になっている。そこで，**物質が水素を失う反応を 酸化**，**水素と化合する反応を 還元** とよび，酸化と還元の意味を拡張する。

## 2 電子の授受と酸化・還元

$$2Cu + O_2 \longrightarrow 2CuO$$

この反応を電子の授受という観点から考えてみると，CuO はイオン結晶であり，銅は $Cu^{2+}$，酸素は $O^{2-}$ のイオンとして存在している。$Cu^{2+}$，$O^{2-}$ は，Cu 原子の 2 個の電子が O 原子に移動して生じたと考えられる。

$$2Cu \longrightarrow 2Cu^{2+} + 4e^- \quad \Rightarrow (Cu：電子を失う。)$$

$$O_2 + 4e^- \longrightarrow 2O^{2-} \quad \Rightarrow (O：電子を受け取る。)$$

(補足) 電子(electron)は負(−)の電荷をもつことから，その 1 個を $e^-$ で表す。

上の反応で，Cu 原子は電子を失い，O 原子は電子を受け取っている。
また，銅は塩素と直接反応して，塩化銅(Ⅱ)になる。

$$Cu + Cl_2 \longrightarrow CuCl_2$$

この反応では，Cu 原子は電子を失い，Cl 原子が電子を受け取っている。

$$Cu \longrightarrow Cu^{2+} + 2e^- \quad \Rightarrow (Cu：電子を失う。)$$

$$Cl_2 + 2e^- \longrightarrow 2Cl^- \quad \Rightarrow (Cl：電子を受け取る。)$$

このように，銅が酸素と化合して酸化銅(Ⅱ)になる反応も，銅が塩素と化合して塩化銅(Ⅱ)になる反応も，ともに Cu が電子を失い $Cu^{2+}$ になる反応である。

したがって，電子の移動の観点からみれば，前者の反応と同様に，後者の反応においても「銅は酸化された」ことになる。

下の反応は，電子の授受の観点からは，$Cu^{2+}$ が電子を受け取り Cu になったことを示している。この変化を，「酸化銅(Ⅱ)は還元された」という。

$$CuO + H_2 \longrightarrow Cu + H_2O$$

$$H_2 \longrightarrow 2H^+ + 2e^-$$

$$CuO + 2e^- \longrightarrow Cu + O^{2-}$$

このように，**原子またはイオンが電子を失う**とき，原子またはイオン，およびこれらを含む物質は**酸化された**という。また逆に，**原子またはイオンが電子を受け取る**とき，**還元された**という。

(例) $Zn + H_2SO_4 \longrightarrow ZnSO_4 + H_2$
　　$Zn \longrightarrow Zn^{2+} + 2e^- \quad 2H^+ + 2e^- \longrightarrow H_2$
　　Zn が酸化され，$H^+$($H_2SO_4$)が還元された。

## 3 酸化還元反応

$$Cu \longrightarrow Cu^{2+} + 2e^-$$
$$Cl_2 + 2e^- \longrightarrow 2Cl^-$$
$$\overline{Cu + Cl_2 \longrightarrow CuCl_2}$$

上の反応では，Cu 原子が電子を失って酸化されると同時に，Cl 原子は電子を受け取って還元されている。1つの反応で，電子を失って酸化された原子があれば，必ずその電子を受け取って還元される原子があり，**酸化と還元は同時に起こる**。このような電子のやりとりのある反応を**酸化還元反応**という。

### 例題31　酸化と還元

次の反応式で表される反応において，酸化された物質，および還元された物質をそれぞれ示せ。

(1) $2Al + Fe_2O_3 \longrightarrow Al_2O_3 + 2Fe$

(2) $2KI + Cl_2 \longrightarrow 2KCl + I_2$

**解答**

(1) $2Al \longrightarrow 2Al^{3+} + 6e^-$ から Al は酸化され，$2Fe^{3+} + 6e^- \longrightarrow 2Fe$ から $Fe^{3+}$ は還元された。したがって，$Fe_2O_3$ が還元された。
　**酸化された物質　Al　還元された物質　$Fe_2O_3$**　…答

(2) $2I^- \longrightarrow I_2 + 2e^-$ から，$I^-$ が酸化された。したがって，KI が酸化された。
$Cl_2 + 2e^- \longrightarrow 2Cl^-$ から $Cl_2$ が還元された。
　**酸化された物質　KI　還元された物質　$Cl_2$**　…答

### POINT

酸化
- ① 酸素原子を受け取る　⇒　物質 ＋ O
- ② 水素原子を失う　　　⇒　物質 － H
- ③ 電子を失う　　　　　⇒　原子 － $e^-$

還元
- ① 酸素原子を失う　　　⇒　物質 － O
- ② 水素原子を受け取る　⇒　物質 ＋ H
- ③ 電子を受け取る　　　⇒　原子 ＋ $e^-$

**補足**
1. 酸化された原子を含む物質は，原子とともにその物質も酸化されたという。
2. 反応における「酸化」「還元」は，それぞれつねに「酸化された」「還元された」と受け身を意味する。

# 2 酸化数と酸化・還元

## 1 酸化数の意味と決め方

### Ⓐ 酸化数の意味

　CuO などのイオン結合からなる物質の反応の場合は、電子の授受と酸化・還元の関係がわかりやすいが、水の生成($2H_2 + O_2 \longrightarrow 2H_2O$)のように共有結合からなる分子性物質の反応の場合は、電子の授受がわかりにくい。そこで化合物やイオンにおける原子について、**酸化数**という考え方を導入して、分子性物質の反応についても電子の授受による酸化・還元を使えるようにした。

　酸化数は、原子の酸化状態を示した数で、**電子を失ったとき＋，受け取ったとき－**を、授受した電子の数に付けて表す。

（補足）酸化数は、国際的にはローマ数字(＋Ⅱ，－Ⅱ)で表すのが原則である。

### Ⓑ 酸化数の決め方

❶ 単体の原子の酸化数は 0 とする。

（例）**$H_2$ の H，$O_2$ の O，ダイヤモンドの C の酸化数はいずれも 0。**

❷ 化合物の場合は、ふつう、Na，K，H の酸化数が＋1，O の酸化数が－2 であることを基準として、酸化数の総和を 0 とする。

（例）$H_2S$ の S の酸化数 $x$ は　$(+1) \times 2 + x = 0$　$x = -2$
　　　$NaClO_3$ の Cl の酸化数 $x$ は　$(+1) + x + (-2) \times 3 = 0$　$x = +5$

（補足）1. $H_2O$ や $H_2O_2$ では、H の酸化数＋1 を基準とする。よって、O の酸化数は、$H_2O$ では－2，$H_2O_2$ では－1 である。
　　　　2. NaH では、Na の酸化数＋1 を基準とする。よって、H の酸化数は－1 である。

❸ 単原子イオンの原子の酸化数は、そのイオンの価数に等しい。

（例）**酸化数は、$Na^+$ の Na は＋1，$Al^{3+}$ の Al は＋3，$S^{2-}$ の S は－2。**

❹ 多原子イオンの原子の酸化数の総和は、そのイオンの価数に等しい。

（例）**$SO_4^{2-}$ の S の酸化数 $x$ は，$x + (-2) \times 4 = -2$　$x = +6$**

### 例題32 　酸化数

次の化合物の下線の原子の酸化数を求めよ。

(1) $\underline{N}H_3$　(2) $\underline{N}_2$　(3) $\underline{N}O_2$　(4) $\underline{N}O_3^-$　(5) $H\underline{Cl}O_3$

**解答**

(1) $x+(+1)\times 3 = 0$　　　　　$x=-3$ …**答**
(2) 単体だから **0** …**答**
(3) $x+(-2)\times 2 = 0$　　　　　$x=+4$ …**答**
(4) $x+(-2)\times 3 = -1$　　　　 $x=+5$ …**答**
(5) $(+1)+x+(-2)\times 3 = 0$　　$x=+5$ …**答**

> **POINT** 酸化数の求め方
> ① 化合物中の原子 ⇨ 各原子の酸化数の総和＝0
> ② [多原子イオン中の原子] ⇨ [各原子の酸化数の総和] ＝ 多原子イオンの電荷
>
> Na, K, H の酸化数：+1, O の酸化数：-2 を基準にし，上の式を用いて，各原子の酸化数を求める。

## 2 酸化数の変化と酸化・還元

酸化数は，原子が電子を失った状態を＋，受け取った状態を－として，電子の数を示す。したがって，酸化数の増加は，原子が電子を失ったことを意味し，酸化数の減少は電子を受け取ったことを意味する。

| 原子の | 原子が | 原子が |
|---|---|---|
| 酸化数の増加 ⇨ | 電子を失う ⇨ | 酸化された |
| 酸化数の減少 ⇨ | 電子を受け取る ⇨ | 還元された |

ヨウ化カリウム KI と塩素との反応では，ヨウ化物イオン $I^-$ が酸化され ($-1 \rightarrow 0$)，塩素原子が還元される ($0 \rightarrow -1$)。

物質が酸化されたかを調べるには，物質中の原子の酸化数の変化を調べればよい。

$$2\underset{(-1)}{\text{KI}} + \underset{(0)}{\text{Cl}_2} \longrightarrow 2\underset{(-1)}{\text{KCl}} + \underset{(0)}{\text{I}_2}$$

還元された 0 → −1（減少）
酸化された −1 → 0（増加）

**例** FeO ⟶ Fe₂O₃　Fe の酸化数を調べると，
（+2）⟶（+3）　よって，酸化された。

電子を失う原子があれば，必ず電子を受け取る原子があるので，**1 つの酸化還元反応では，酸化数の増加の総和と酸化数の減少の総和は，その絶対値が等しい。**

---

**POINT**

酸化数が { 増加 ⇨ 酸化された
　　　　　 減少 ⇨ 還元された

ある原子の酸化数が増加（減少）する変化は，その原子が酸化（還元）されたと同時に，原子を含む物質も酸化（還元）されたと考えてよい。

---

### 例題33　酸化数と酸化・還元

次の(1)〜(3)の変化において，下線の原子の酸化・還元を酸化数の変化から答えよ。

(1) $\underline{\text{Zn}} \longrightarrow \underline{\text{Zn}}\text{SO}_4$　(2) $\text{K}_2\underline{\text{Cr}}_2\text{O}_7 \longrightarrow \underline{\text{Cr}}^{3+}$　(3) $\text{H}_2\underline{\text{O}}_2 \longrightarrow \text{H}_2\underline{\text{O}}$

**解答**

(1) Zn の酸化数の変化は 0 → +2 で，**Zn は酸化された。** …答

(2) $\text{K}_2\text{Cr}_2\text{O}_7$ 中の Cr の酸化数を $x$ とすると
　　$(+1) \times 2 + 2x + (-2) \times 7 = 0$　　$x = +6$
　　Cr の酸化数の変化は，+6 → +3 で，**Cr は還元された。** …答

(3) $\text{H}_2\text{O}_2$ 中の O の酸化数は −1 で，O の酸化数の変化は，−1 → −2 なので，**O は還元された。** …答

## 3 酸素・水素・電子・酸化数と酸化・還元のまとめ

これまでに学習した，酸化と還元の考え方を表にまとめると，次のようになる。

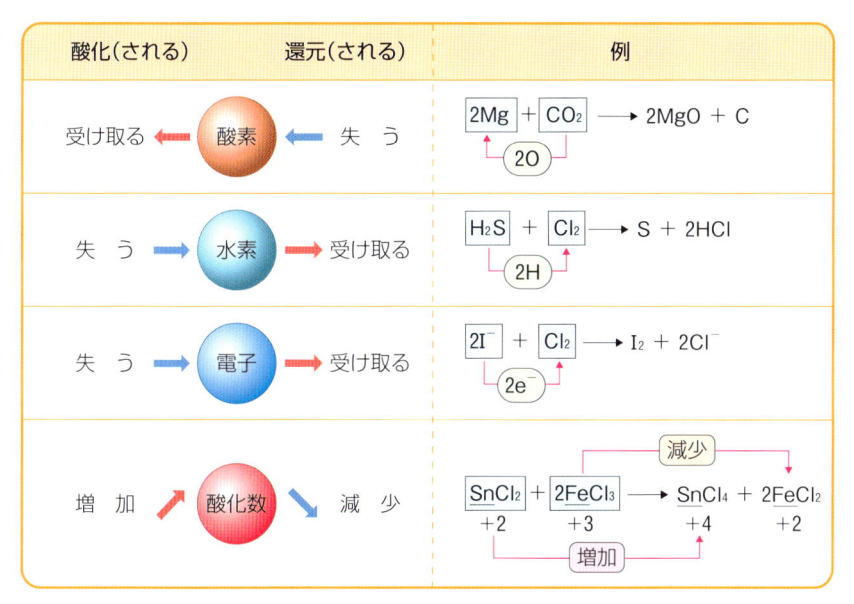

| 酸化(される) | | 還元(される) | 例 |
|---|---|---|---|
| 受け取る ← | 酸素 | ← 失う | $2Mg + CO_2 \longrightarrow 2MgO + C$ （2O） |
| 失う → | 水素 | → 受け取る | $H_2S + Cl_2 \longrightarrow S + 2HCl$ （2H） |
| 失う → | 電子 | → 受け取る | $2I^- + Cl_2 \longrightarrow I_2 + 2Cl^-$ （$2e^-$） |
| 増加 ↗ | 酸化数 | ↘ 減少 | $SnCl_2 + 2FeCl_3 \longrightarrow SnCl_4 + 2FeCl_2$ +2　　+3　　　　+4　　+2 （減少／増加） |

図 3-3　酸化数と酸化・還元のまとめ

### ＋プラスα　単体の関係する反応は酸化還元反応

**単体が関係する反応(または生成)は，つねに酸化還元反応である。**

単体の原子の酸化数は 0 であるから，単体が反応して化合物になったり，化合物から単体が生成する反応では，必ず酸化数の変化がある。なお，化合物だけの反応では，酸化還元反応は少ない。

# 3 酸化剤・還元剤とその反応

## 1 酸化剤・還元剤

### Ⓐ 酸化剤

相手の物質を酸化する物質を**酸化剤**という。酸化剤は，(a)相手の物質から電子を取る能力のある物質，(b)酸素(原子状態の酸素)を出しやすい物質，(c)水素を受け取りやすい物質などであり，**酸化剤自身は還元されやすい物質**である。

例 ふつう，$H_2O_2$ は酸化剤であり，他の物質を酸化するとき，次のように反応する。

$H_2O_2 + 2e^- \longrightarrow 2OH^-$　　（電子を奪う）

$H_2O_2 \longrightarrow H_2O + (O)$　　（酸素を出す）

### Ⓑ 還元剤

相手の物質を還元する物質を**還元剤**という。還元剤は，(a)相手の物質に電子を与える能力のある物質，(b)酸素(原子状態の酸素)を受け取りやすい物質，(c)水素を出しやすい物質などであり，**還元剤自身は酸化されやすい物質**である。

例 ふつう，$SO_2$ は還元剤で，$H_2O$ の存在下で他の物質を還元するとき，次のように反応する。

$SO_2 + 2H_2O \longrightarrow SO_4^{2-} + 4H^+ + 2e^-$　　（電子を出す）

$SO_2 + H_2O + (O) \longrightarrow H_2SO_4$　　（酸素を奪う）

### 例題34　還元剤

次の反応で，還元剤として作用している物質はどれか。

$SO_2 + I_2 + 2H_2O \longrightarrow H_2SO_4 + 2HI$

**解答**

$SO_2$ は，S の酸化数が $+4 \rightarrow +6$ に増加しており，自分自身は酸化され，相手の物質 $I_2$ を還元している（I：$0 \rightarrow -1$）ので，**$SO_2$ が還元剤**。　…答

---

**POINT**

・自分が酸化された＝相手を還元した＝還元剤として作用した
・自分が還元された＝相手を酸化した＝酸化剤として作用した

> **➕プラスα** 酸化剤・還元剤の反応式のつくり方
>
> 表 3-1 の **KMnO₄ 水溶液の酸化剤としての反応**を例に説明しよう。
>
> ❶ 酸性水溶液中の $MnO_4^-$ は $Mn^{2+}$ となることを覚えておく。⇨ $MnO_4^- \longrightarrow Mn^{2+}$
> ❷ Mn の酸化数の変化は +7 → +2 より 5e⁻(電子を奪う)⇨ $MnO_4^- + 5e^- \longrightarrow Mn^{2+}$
> ❸ 酸性水溶液であるから $H^+$ が存在し,$MnO_4^-$ の O と反応して $H_2O$ となる。
> ⇨ $MnO_4^- + H^+ + 5e^- \longrightarrow Mn^{2+} + H_2O$
>
> 係数をあわせると ⇨ $MnO_4^- + 8H^+ + 5e^- \longrightarrow Mn^{2+} + 4H_2O$

表 3-1 おもな酸化剤・還元剤とその反応

| | 物　　　質 | | 反　　　応 |
|---|---|---|---|
| 酸化剤 | 過酸化水素 | $H_2O_2$ | $H_2O_2 + 2e^- \longrightarrow 2OH^-$ |
| | | | $H_2O_2 + 2H^+ + 2e^- \longrightarrow 2H_2O$ |
| | 塩素 | $Cl_2$ | $Cl_2 + 2e^- \longrightarrow 2Cl^-$ |
| | 濃硝酸 | $HNO_3$ | $HNO_3 + H^+ + e^- \longrightarrow NO_2 + H_2O$ |
| | 希硝酸 | $HNO_3$ | $HNO_3 + 3H^+ + 3e^- \longrightarrow NO + 2H_2O$ |
| | 熱濃硫酸 | $H_2SO_4$ | $H_2SO_4 + 2H^+ + 2e^- \longrightarrow SO_2 + 2H_2O$ |
| | 過マンガン酸カリウム(酸性) | $KMnO_4$ | $MnO_4^- + 8H^+ + 5e^- \longrightarrow Mn^{2+} + 4H_2O$ |
| | 二クロム酸カリウム(酸性) | $K_2Cr_2O_7$ | $Cr_2O_7^{2-} + 14H^+ + 6e^- \longrightarrow 2Cr^{3+} + 7H_2O$ |
| | 二酸化硫黄 | $SO_2$ | $SO_2 + 4H^+ + 4e^- \longrightarrow S + 2H_2O$ |
| 還元剤 | 水素 | $H_2$ | $H_2 \longrightarrow 2H^+ + 2e^-$ |
| | 過酸化水素 | $H_2O_2$ | $H_2O_2 \longrightarrow O_2 + 2H^+ + 2e^-$ |
| | ナトリウム | $Na$ | $Na \longrightarrow Na^+ + e^-$ |
| | 塩化スズ(Ⅱ) | $SnCl_2$ | $Sn^{2+} \longrightarrow Sn^{4+} + 2e^-$ |
| | 硫酸鉄(Ⅱ) | $FeSO_4$ | $Fe^{2+} \longrightarrow Fe^{3+} + e^-$ |
| | 二酸化硫黄 | $SO_2$ | $SO_2 + 2H_2O \longrightarrow SO_4^{2-} + 4H^+ + 2e^-$ |
| | 硫化水素 | $H_2S$ | $H_2S \longrightarrow S + 2H^+ + 2e^-$ |
| | シュウ酸 | $H_2C_2O_4$ | $H_2C_2O_4 \longrightarrow 2CO_2 + 2H^+ + 2e^-$ |

**(補足)** ～～～の変化は覚えておくこと。上記の反応式を**半反応式**ともいう。

# 2 酸化剤と還元剤の反応

### Ⓐ 酸化剤・還元剤の反応と電子の授受

　酸化剤と還元剤は容易に反応する。例えば過酸化水素と硫化水素は,次のように反応する。

$$\underset{\text{酸化剤}}{\underset{(-1)}{H_2O_2}} + \underset{\text{還元剤}}{\underset{(-2)}{H_2S}} \longrightarrow 2\underset{(-2)}{H_2\underline{O}} + \underset{(0)}{\underline{S}}$$

（酸化されて：H_2S → S、還元されて：H_2O_2 → H_2O）

このとき，過酸化水素は酸化剤，硫化水素は還元剤として次のようにはたらく。

$$H_2O_2 + 2H^+ + 2e^- \longrightarrow 2H_2O$$

$$+)\ H_2S \longrightarrow S + 2H^+ + 2e^-$$

$$\overline{H_2O_2 + H_2S \longrightarrow 2H_2O + S}$$

このように，酸化還元反応では，

**酸化剤が受け取る電子の数＝還元剤が失う電子の数**

の関係が成り立つ。したがって，酸化剤の半反応式と還元剤の半反応式から $e^-$ を消去すると，酸化還元反応の化学反応式が得られる。

### ❸ おもな酸化剤の反応

#### ❶ 過マンガン酸カリウム　$KMnO_4$

　過マンガン酸カリウムを希硫酸に溶かした溶液は，強い酸化作用をもっている。過マンガン酸イオン $MnO_4^-$ の $Mn$ の酸化数は＋7 であるが，硫酸酸性溶液では，相手の物質から電子を奪って，酸化数＋2 のマンガン（Ⅱ）イオン $Mn^{2+}$ になりやすく，強い酸化剤として作用する。

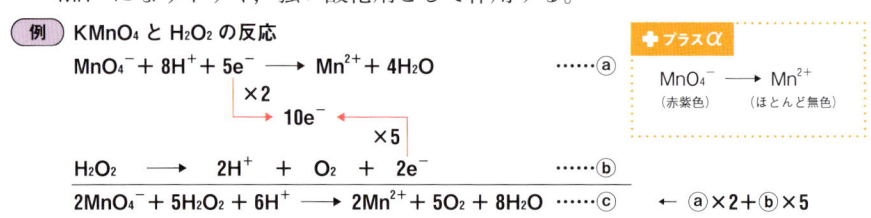

**例** $KMnO_4$ と $H_2O_2$ の反応

$$MnO_4^- + 8H^+ + 5e^- \longrightarrow Mn^{2+} + 4H_2O \quad \cdots\cdots ⓐ$$

（×2　10$e^-$　×5）

$$H_2O_2 \longrightarrow 2H^+ + O_2 + 2e^- \quad \cdots\cdots ⓑ$$

$$\overline{2MnO_4^- + 5H_2O_2 + 6H^+ \longrightarrow 2Mn^{2+} + 5O_2 + 8H_2O} \quad \cdots\cdots ⓒ$$

← ⓐ×2＋ⓑ×5

**＋プラスα**
$MnO_4^-$ （赤紫色） → $Mn^{2+}$ （ほとんど無色）

**補足** 酸性でない水溶液では，$MnO_4^-$ は $Mn^{2+}$ ではなく $MnO_2$ となる。

#### ❷ 二クロム酸カリウム　$K_2Cr_2O_7$

　二クロム酸カリウムを希硫酸に溶かした溶液は，強い酸化作用をもつ。

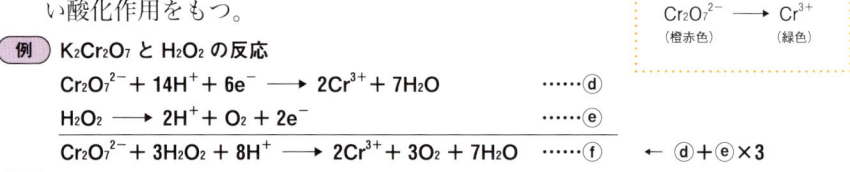

**例** $K_2Cr_2O_7$ と $H_2O_2$ の反応

$$Cr_2O_7^{2-} + 14H^+ + 6e^- \longrightarrow 2Cr^{3+} + 7H_2O \quad \cdots\cdots ⓓ$$

$$H_2O_2 \longrightarrow 2H^+ + O_2 + 2e^- \quad \cdots\cdots ⓔ$$

$$\overline{Cr_2O_7^{2-} + 3H_2O_2 + 8H^+ \longrightarrow 2Cr^{3+} + 3O_2 + 7H_2O} \quad \cdots\cdots ⓕ$$

← ⓓ＋ⓔ×3

**＋プラスα**
$Cr_2O_7^{2-}$ （橙赤色） → $Cr^{3+}$ （緑色）

**補足** 酸性でない水溶液では，$Cr_2O_7^{2-}$ は $CrO_4^{2-}$ として反応する。

### ⓒ 酸化剤にも還元剤にもなる物質

過酸化水素や二酸化硫黄は，酸化剤としても還元剤としてもはたらく。一般に，いくつかの酸化数をもつ原子の化合物では，高い酸化数の化合物は酸化剤，低い酸化数の化合物は，還元剤と考えてよい。

#### ❶ 過酸化水素 $H_2O_2$

通常，酸化剤としてはたらく。一方，過マンガン酸カリウムなどの強い酸化剤には，還元剤としてはたらく。

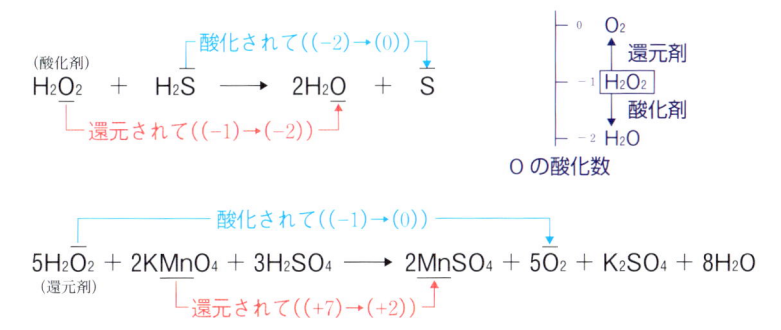

$$\underset{(酸化剤)}{H_2O_2} + H_2S \longrightarrow 2H_2O + S$$
酸化されて（(−2)→(0)）
還元されて（(−1)→(−2)）

Oの酸化数
- 0 $O_2$ ↑ 還元剤
- −1 $\boxed{H_2O_2}$ ↓ 酸化剤
- −2 $H_2O$

$$5\underset{(還元剤)}{H_2O_2} + 2KMnO_4 + 3H_2SO_4 \longrightarrow 2MnSO_4 + 5O_2 + K_2SO_4 + 8H_2O$$
酸化されて（(−1)→(0)）
還元されて（(+7)→(+2)）

#### ❷ 二酸化硫黄 $SO_2$

通常，還元剤としてはたらくが，$H_2S$ に対しては酸化剤としてはたらく。

$$\underset{(酸化剤)}{SO_2} + 2H_2S \longrightarrow 2H_2O + 3S$$
酸化されて（(−2)→(0)）
還元されて（(+4)→(0)）

Sの酸化数
- +6 $H_2SO_4$ ↑ 還元剤
- +4 $\boxed{SO_2}$ ↓ 酸化剤
- 0 S ↑ 還元剤
- −2 $H_2S$

---

**POINT**

酸化剤の得る $e^-$ の数
＝
還元剤の失う $e^-$ の数
$\Rightarrow$ $e^-$ を消去 $\Rightarrow$ 酸化還元反応の反応式

酸化剤の酸化作用を示す式（半反応式）の左辺の $e^-$ の数と，還元剤の還元作用を示す式（半反応式）の右辺の $e^-$ の数を等しくしてから両式を加え，イオン反応式をつくる。

### 例題35　酸化還元反応のイオン反応式と化学反応式

硫酸酸性過マンガン酸カリウム水溶液と過酸化水素水との酸化還元反応について(1), (2)に答えよ。ただし, 酸化剤・還元剤としての反応(半反応式)は次のようになる。

$$MnO_4^- + 8H^+ + 5e^- \longrightarrow Mn^{2+} + 4H_2O \quad \cdots ⓐ$$
$$H_2O_2 \longrightarrow 2H^+ + O_2 + 2e^- \quad \cdots ⓑ$$

(1) この酸化還元反応をイオン反応式で表せ。
(2) この酸化還元反応を化学反応式で表せ。

**解答**

(1) ⓐ式とⓑ式から$e^-$を消去するように合計する。よって
　　ⓐ式×2＋ⓑ式×5　より
　　$2MnO_4^- + 16H^+ + 5H_2O_2 \longrightarrow 2Mn^{2+} + 8H_2O + 10H^+ + 5O_2$
　よって　$2MnO_4^- + 6H^+ + 5H_2O_2 \longrightarrow 2Mn^{2+} + 8H_2O + 5O_2$ 　…**答**

(2) 過マンガン酸カリウムは$KMnO_4$であり, 硫酸$H_2SO_4$を含む水溶液であるから, (1)のイオン反応式の両辺に, $2K^+$と$3SO_4^{2-}$を加えると
　　$2K^+ + 2MnO_4^- + 6H^+ + 3SO_4^{2-} + 5H_2O_2$
　　　　$\longrightarrow 2Mn^{2+} + 2SO_4^{2-} + 2K^+ + SO_4^{2-} + 8H_2O + 5O_2$
　よって　$2KMnO_4 + 3H_2SO_4 + 5H_2O_2$
　　　　$\longrightarrow 2MnSO_4 + K_2SO_4 + 8H_2O + 5O_2$ 　…**答**

## 3 酸化還元滴定

### Ⓐ 酸化還元滴定

酸化剤が受け取る電子の数と還元剤が放出する電子の数が等しいとき, 酸化剤と還元剤は過不足なく反応する。これを利用して, **濃度がわからない酸化剤(還元剤)水溶液を濃度がわかっている還元剤(酸化剤)水溶液で滴定する**と, 酸化剤(還元剤)水溶液の濃度を決定することができる。このような方法を**酸化還元滴定**という。

## ❸酸化還元滴定の計算

次の❶，❷にしたがって計算する。

❶ 酸化剤・還元剤としての反応（半反応式）が与えられた場合，これらより，酸化還元反応のイオン反応式を導く。

❷ 与えられた酸化剤（または還元剤）の物質量を求め，求める還元剤（または酸化剤）の濃度を $x$ 〔mol/L〕として，その物質量を $x$ を用いて表す。

❶のイオン反応式の酸化剤・還元剤の　**係数比＝物質量比**　より求める。

**補足** $c$〔mol/L〕の水溶液 $v$〔mL〕中の酸化剤・還元剤の物質量は $\dfrac{cv}{1000}$〔mol〕

### 例題36　酸化還元滴定

ある濃度の硫酸鉄（Ⅱ）の水溶液 40.0 mL に，硫酸酸性水溶液のもとで 0.20 mol/L の過マンガン酸カリウム水溶液を滴下したところ，滴下量が 20.0 mL をこえると過マンガン酸カリウム水溶液の赤紫色が消えなくなった。この硫酸鉄（Ⅱ）水溶液の濃度は何 mol/L か。ただし，次の酸化剤・還元剤の反応（半反応式）を用いよ。

$$MnO_4^- + 8H^+ + 5e^- \longrightarrow Mn^{2+} + 4H_2O \quad \cdots\cdots ⓐ$$
$$Fe^{2+} \longrightarrow Fe^{3+} + e^- \quad \cdots\cdots ⓑ$$

**解答**

この酸化還元反応のイオン反応式は，ⓐ式＋ⓑ式×5　より

$$MnO_4^- + 5Fe^{2+} + 8H^+ \longrightarrow Mn^{2+} + 5Fe^{3+} + 4H_2O \quad \cdots\cdots ⓒ$$

反応した $KMnO_4$ は　$\dfrac{0.20 \times 20.0}{1000} = 4.0 \times 10^{-3}$ （mol）

求める濃度を $x$〔mol/L〕とすると，$FeSO_4$ は　$\dfrac{40.0x}{1000} = 4.0 \times 10^{-2}x$ 〔mol〕

ⓒ式の $MnO_4^-$ と $Fe^{2+}$ の係数より

$$4.0 \times 10^{-3} : 4.0 \times 10^{-2}x = 1 : 5 \qquad \boxed{x = 0.50 \text{〔mol/L〕}} \quad \cdots \text{答}$$

**補足** 過マンガン酸カリウム水溶液の赤紫色が消えなくなったのは，$MnO_4^-$ が $Mn^{2+}$ に変化しなくなったことを示す。$KMnO_4$ 水溶液 20.0 mL を加えたところで過不足なく反応したことになる。

# 4 金属のイオン化傾向

## 1 金属のイオン化傾向

### Ⓐ 硫酸銅(Ⅱ)水溶液と鉄くぎ

硫酸銅(Ⅱ) $CuSO_4$ 水溶液に鉄くぎを入れてしばらく放置すると，鉄くぎの表面に銅が析出し溶液の青色がうすくなり溶液中に鉄イオンが発生する。これは，鉄と銅の間で電子の授受が起こり，次のように反応したためと考えられる。

$$Cu^{2+} + Fe \longrightarrow Fe^{2+} + Cu$$
$$Fe \longrightarrow Fe^{2+} + \boxed{2e^-} \dashrightarrow \boxed{2e^-} + Cu^{2+} \longrightarrow Cu$$

一方，硫酸鉄(Ⅱ) $FeSO_4$ の水溶液に銅片を入れても，変化は起こらない。

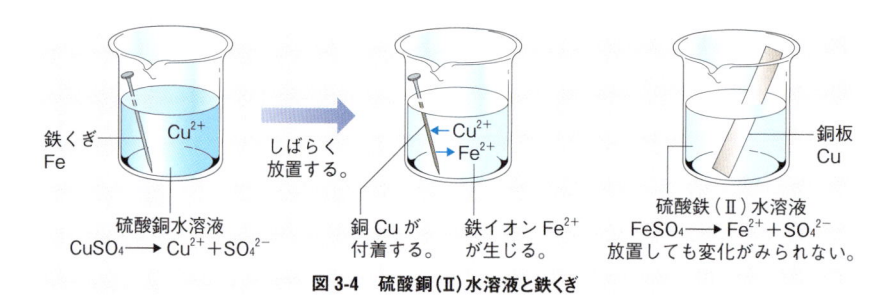

図3-4 硫酸銅(Ⅱ)水溶液と鉄くぎ

### Ⓑ 硝酸銀水溶液と銅片

硝酸銀 $AgNO_3$ 水溶液に銅片を入れると，銅片の表面に銀が析出し溶液が青味を帯びることから，銅イオンが溶け出したことがわかる。

$$2Ag^+ + Cu \longrightarrow Cu^{2+} + 2Ag$$
$$Cu \longrightarrow Cu^{2+} + \boxed{2e^-} \dashrightarrow \boxed{2e^-} + 2Ag^+ \longrightarrow 2Ag$$

一方，硝酸銅(Ⅱ)水溶液に銀片を入れても変化は起こらない。

以上から，鉄は銅よりイオンになりやすく，銅は銀よりイオンになりやすいことがいえる。このとき，鉄は銅より，銅は銀より**イオン化傾向**が大きいという。

## ⓒ 金属イオンと金属単体の反応

前ページの実験結果から，金属 A，B において，イオン化傾向が 金属 A ＜ 金属 B のとき，A のイオンを含む水溶液に B の単体を入れると，A の単体が析出し B がイオンとなって溶ける。

B のイオンを含む水溶液に A の単体を入れても変化しない。

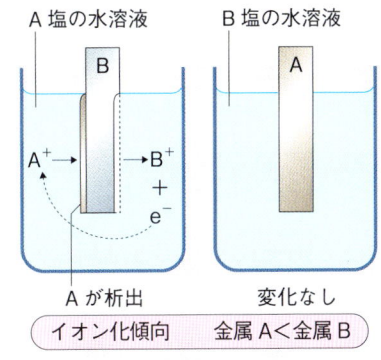

図 3-5 金属単体と金属イオンの反応

> **POINT**
>
> イオン化傾向
> 金属 A ＜ 金属 B のとき
>
> $A^+$（A の陽イオン）＋ B ⟶ A ＋ $B^+$（B の陽イオン）
>
> ←―― 電子 $e^-$ ――
>
> B の陽イオンを含む水溶液に A を入れても反応は起こらない。

## ⓓ 金属のイオン化列

金属をイオン化傾向の大きいものから順に並べたものを**イオン化列**という。

> **POINT**
>
> イオン化列　K ＞ Ca ＞ Na ＞ Mg ＞ Al ＞ Zn ＞ Fe ＞ Ni ＞
> 　　　　　　Sn ＞ Pb ＞（$H_2$）＞ Cu ＞ Hg ＞ Ag ＞ Pt ＞ Au
>
> （カソウ　カ　ナ　マ　ア　ア　テ　ニ　スン　ナ　ヒ　ド　ス　ギル　ハク(借)　キン）
>
> イオン化傾向 ┬ 大きい金属 ┬ 陽イオンになりやすい。
> 　　　　　　 │　　　　　　 └ 溶け出しやすい。
> 　　　　　　 └ 小さい金属 ┬ 陽イオンになりにくい。
> 　　　　　　 　　　　　　 └ 析出しやすい。

(補足) 水素は，非金属であるが陽イオンになりやすい。

> **例題37** 金属のイオン化傾向とイオンと単体の反応

次の(1)〜(4)のうち,反応が起こらないものはどれか。
(1) 酢酸鉛(Ⅱ)水溶液に亜鉛粒を入れた。
(2) 硝酸銀水溶液に鉛粒を入れた。
(3) 硫酸銅(Ⅱ)水溶液に鉄くぎを入れた。
(4) 塩化亜鉛水溶液にスズ粒を入れた。

**解答**

(1) 酢酸鉛(Ⅱ)水溶液中では,
$$Pb(CH_3COO)_2 \rightleftarrows Pb^{2+} + 2CH_3COO^-$$
のように電離して $Pb^{2+}$ が生じている。これに Zn を加えると,イオン化傾向は Zn > Pb だから,$Pb^{2+} + Zn \longrightarrow Pb + Zn^{2+}$ のように反応が起こる。
(2) Pb > Ag だから,$2Ag^+ + Pb \longrightarrow 2Ag + Pb^{2+}$ のように反応が起こる。
(3) Fe > Cu だから,$Cu^{2+} + Fe \longrightarrow Cu + Fe^{2+}$ のように反応が起こる。
(4) Zn > Sn だから,$Zn^{2+}$ を含む水溶液に Sn を入れても反応は起こらない。

よって,**反応が起こらないのは(4)** …**答**

## 2 金属のイオン化傾向と反応性

一般に,**イオン化傾向の大きい金属ほど,化学的に活発である。**

### Ⓐ 空気中の酸素との反応

イオン化列の順に以下のように反応する。
❶ K,Ca,Na     :常温で,内部まで酸化される。
❷ Mg〜Cu       :常温で,徐々に表面が酸化される。
❸ Hg〜Au       :空気中では酸化されない。

### Ⓑ 水との反応

イオン化列の順に以下のように反応する。
❶ K,Ca,Na     :常温で冷水と激しく反応して水素を発生する。
例 $2Na + 2H_2O \longrightarrow 2NaOH + H_2\uparrow$
❷ Mg          :熱水と反応して,水素を発生する。
❸ Al,Zn,Fe    :高温の水蒸気と反応して,水素を発生する。
例 $3Fe + 4H_2O \longrightarrow Fe_3O_4 + 4H_2\uparrow$
❹ Ni〜Au       :水とは反応しない。

### ⓒ 酸との反応

**❶ 水素よりイオン化傾向の大きい金属**：酸と反応し，水素を発生して溶ける。

(例) $Zn + 2HCl \longrightarrow ZnCl_2 + H_2 \uparrow$

(補足) Pb は塩酸や希硫酸とは反応しにくい。←表面に水に難溶の $PbCl_2$，$PbSO_4$ が生成。

**❷ Cu, Hg, Ag** ：一般の酸とは反応しないが，酸化力のある硝酸や熱濃硫酸とは反応する。

(補足) (希硝酸) $3Cu + 8HNO_3 \longrightarrow 3Cu(NO_3)_2 + 4H_2O + 2NO \uparrow$

**❸ Pt, Au** ：王水に溶ける。

(補足) 王水は，濃硝酸と濃塩酸を 1：3 の割合で混合した溶液。

表3-2 金属のイオン化列と化学的性質

| 金属のイオン化列 | | K Ca Na | Mg Al Zn Fe Ni Sn Pb | ($H_2$) | Cu | Hg Ag | Pt Au |
|---|---|---|---|---|---|---|---|
| 空気中での酸化 | 常温 | 内部まで酸化される | 表面が酸化される | | 酸化されない | | |
| | 高温 | 燃焼し酸化物になる | 強熱により酸化物になる | | | 酸化されない | |
| 水との反応 | | 常温で冷水と激しく反応 | 熱水と反応 / 高温の水蒸気と反応 | 反応しない | | | |
| 酸との反応 | | 希塩酸など，うすい酸と反応し水素を発生する | | | | 酸化作用の強い酸と反応 | 王水と反応 |

(補足) 1. Pb は塩酸や希硫酸とは反応しにくい。

2. Al, Fe, Ni は，濃硝酸とは表面に酸化被膜を生じ(不動態)，反応しない。

3. Al, Zn, Sn, Pb は酸・強塩基の水溶液のいずれにも溶け，両性元素(両性金属)という。

# 5 電池と電気分解

## 1 電池の原理

　酸化還元反応によって放出されるエネルギーを，電気エネルギーへと変換する装置を**電池**という。また，充電できない電池を**一次電池**といい，充電して繰り返し使える電池を**二次電池**という。

　電解質水溶液中に2種類の金属板を浸し，導線で結ぶと電流が流れる。電子が流れ出るほうの金属板を**負極**，電子が流れ込むほうの金属板を**正極**という。負極では，金属がイオン化し電子が放出されるので2種類の金属板のうち，

イオン化傾向の { 大きい方の金属が負極 / 小さい方の金属が正極 } となる。

　負極では，極の金属単体が陽イオンとなり，極に電子を生じる。正極では，溶液中の陽イオンが電子を受け取る。この電子を電流として導線(外部)に取り出す。

　イオン化傾向が A>B の金属 A, B の単体を電解質水溶液に浸すと，A を負極，B を正極とする電池が形成される。

負極：A $\longrightarrow$ A$^+$ + e$^-$
　　　　　　↑Aのイオン
　　　　　　↑導線を流れる電子

正極(B)：C$^+$ + e$^-$ $\longrightarrow$ C
　　　　　↑水溶液中の陽イオン

　したがって，負極では酸化反応，正極では還元反応が起こり，電子が負極から正極へ，電流が正極から負極へ流れる。

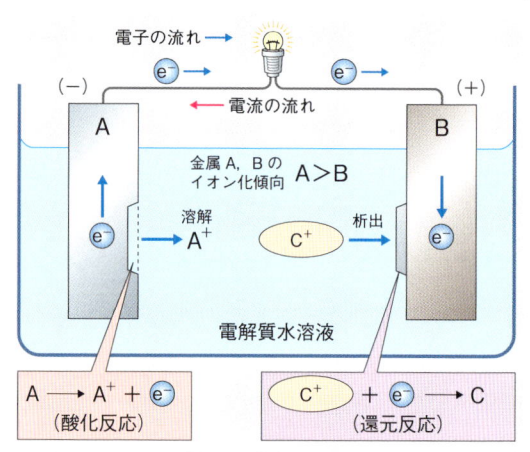

**図 3-6　電池のしくみ**

**補足**
1. 両極の反応を1つにすると「A + C$^+$ $\longrightarrow$ A$^+$ + C」。この酸化還元反応における電子の授受を外部に取り出したのが電池である。
2. 電流は電子の流れであるが，電子と電流の流れる向きは逆である。
3. 負極の酸化反応は負極の金属が酸化される反応，正極の還元反応は水溶液中の陽イオンが還元される反応である。

> **POINT**
>
> 2種類の金属を電解質水溶液中に入れると，電池を形成し
> イオン化傾向の { 大きい方の金属 ⇨ 負極：酸化反応
> 　　　　　　　　 小さい方の金属 ⇨ 正極：還元反応
>
> 負極：極の金属が陽イオンになる。
> 正極：水溶液中の陽イオンが析出する。

## 発展 2 ボルタ電池と分極

### Ⓐ ボルタ電池

亜鉛板と銅板を導線でつないで，希硫酸中に浸したものを**ボルタ電池**という。起電力は，最初約 1.1 V で，すぐ 0.4 V 程に低下する。

亜鉛板と銅板を導線でつながない状態では，イオン化傾向(Zn＞H＞Cu)により銅板では変化は起こらないが，亜鉛板では $Zn^{2+}$ が溶け出し，電子が亜鉛板に残る。両金属板を導線でつなぐと，この電子は導線を伝わり銅板に流れ込み，銅板表面で溶液中の $H^+$ と反応して，**水素 $H_2$ ガスを発生**する。

各極での反応は次のようになる。

**負極(亜鉛板)：**

$$Zn \longrightarrow Zn^{2+} + 2e^-$$

　➡ Zn が酸化される。

**正極(銅板)：**

$$2H^+ + 2e^- \longrightarrow H_2\uparrow$$

　➡ $H^+$ が還元される。

電池の構造を表したものを**電池式**といい，ボルタ電池では次のように表される。

$$(-)Zn\,|\,H_2SO_4\,aq\,|\,Cu(+)$$

(補足) 正極を $H_2$ とし，銅板を正極端子とする場合もある。

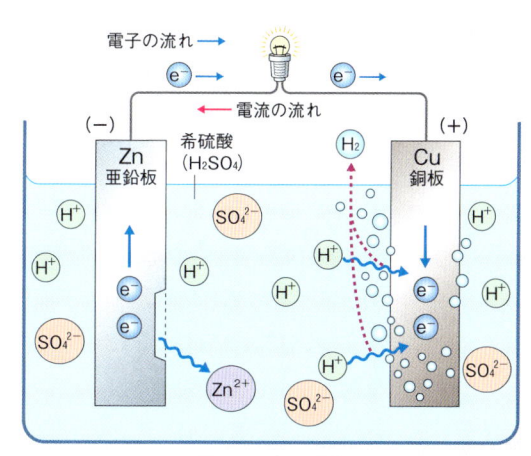

**図 3-7　ボルタ電池**

### ❸ 電池の分極

ボルタ電池の起電力(両極間の電位差)は，約 1.1 V であるが，両極間を導線でつないで放電するとすぐ電圧が低下する。この現象を**電池の分極**という。

これは銅板上に発生する水素ガスが $H^+$ を銅板に近づけるのを防いだり，逆に $H_2$ が次のようにイオン化しようとすることによる。

$$H_2 \longrightarrow 2H^+ + 2e^-$$

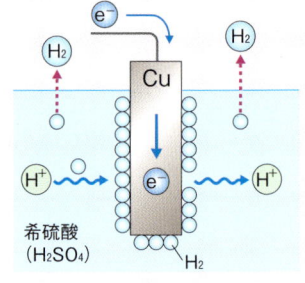

図 3-8　銅板(正極)と水素

**補足**　1. 分極を防ぐために，過酸化水素水や二クロム酸カリウム水溶液などの酸化剤を加える。このような物質を**減極剤**という。
2. ボルタ電池の実験をすると，負極の亜鉛板からも水素ガスを発生することが多い。これは亜鉛板に含まれるイオン化傾向の小さい金属の不純物と亜鉛の間で電池を形成し，ボルタ電池の銅板と同様に水素ガスが発生することによる。この不純物と亜鉛間の電池に流れる電流を**局部電流**という。

## 発展 3 電気分解

電解質の水溶液や融解液に 2 本の電極を入れて直流電源につなぐと，電極で液中の物質が電子の授受を行い，酸化還元反応が起こる。この操作を**電気分解**という。

直流電源の，正極と接続した電極を**陽極**，負極と接続した電極を**陰極**という。陽極では，極が液から電子を受け取り，陰極では，極から液に電子を与える。したがって，液中のイオンや水は，**陽極では酸化され，陰極では還元される**。

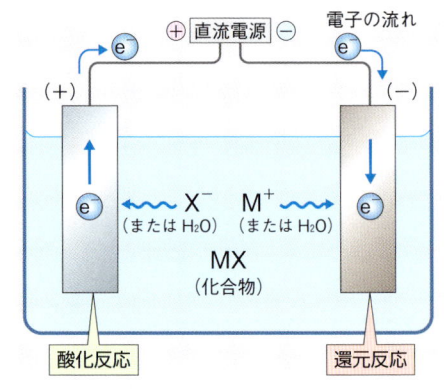

図 3-9　電気分解と反応

## 発展 4 水溶液の各極の電気分解生成物

### ❹ 陽極

極が水溶液中の陰イオン，または水から電子を受け取る。

| 水溶液中のイオン | 極 | 反　　応 | 生成物 |
|---|---|---|---|
| $Cl^-$ | 白金・炭素 | $2Cl^- \longrightarrow Cl_2\uparrow + 2e^-$ | $Cl_2$ |
| $OH^-$ | 白金・炭素 | $4OH^- \longrightarrow 2H_2O + O_2\uparrow + 4e^-$ | $O_2$ |
| $SO_4^{2-}$, $NO_3^-$ | 白金・炭素 | $2H_2O \longrightarrow 4H^+ + O_2\uparrow + 4e^-$ | $O_2$, $H^+$ |
| $SO_4^{2-}$ | 銅 | $Cu \longrightarrow Cu^{2+} + 2e^-$ | $Cu^{2+}$ |

**補足** 1. 極が白金または炭素の場合は極は変化しないが，銅の場合は極が銅イオンに変化する。
2. 生成物の $H^+$ は水溶液中に生成し，酸性を示す。

### ❸ 陰極

極から水溶液中の陽イオン，または水に電子を与える。

| 水溶液中のイオン | 極 | 反　　応 | 生成物 |
|---|---|---|---|
| $K^+$, $Ca^{2+}$, $Na^+$, $Mg^{2+}$, $Al^{3+}$ | 白金・炭素 | $2H_2O + 2e^- \longrightarrow H_2\uparrow + 2OH^-$ | $H_2$, $OH^-$ |
| $Cu^{2+}$ | 白金・炭素 | $Cu^{2+} + 2e^- \longrightarrow Cu$ | $Cu$ |
| $Ag^+$ | 白金・炭素 | $Ag^+ + e^- \longrightarrow Ag$ | $Ag$ |

**補足** 生成物の $OH^-$ は水溶液中に生成し，塩基性を示す。

## 発展 5 いろいろな水溶液の電気分解生成物

### ❹ $CuCl_2$ 水溶液

陽極(Pt・C)：$2Cl^- \longrightarrow Cl_2\uparrow + 2e^-$ ➡ 酸化される(酸化反応)

陰極(Pt・C)：$Cu^{2+} + 2e^- \longrightarrow Cu$ ➡ 還元される(還元反応)

図 3-10　$CuCl_2$ 水溶液の電気分解

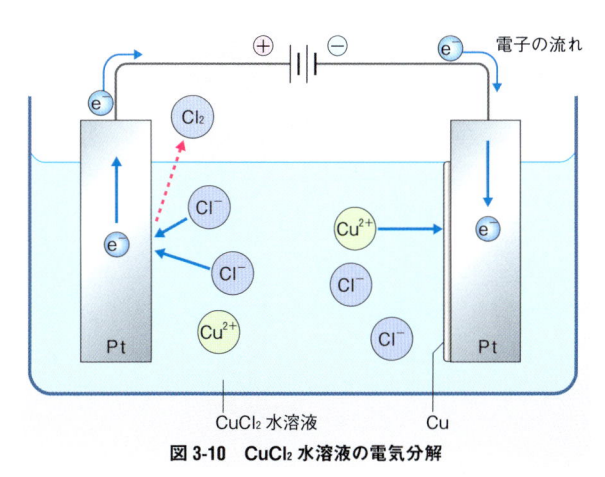

**補足** 水溶液中から $Cu^{2+}$ と $Cl^-$ が減少し，溶質の種類には変化がなく濃度が減少する。

第3章　酸化還元反応

❷ **NaCl 水溶液** { 陽極(Pt・C)：$2Cl^- \longrightarrow Cl_2\uparrow + 2e^-$
陰極(Pt・Fe)：$2H_2O + 2e^- \longrightarrow H_2\uparrow + 2OH^-$

(補足) 陽極，陰極にそれぞれ $Cl_2$，$H_2$ の気体が発生し，溶液中に $OH^-$ が生成して塩基性を示す。
➡ NaOH の水溶液へ変化。

❸ **AgNO₃ 水溶液** { 陽極(Pt)：$2H_2O \longrightarrow 4H^+ + O_2\uparrow + 4e^-$
陰極(Pt)：$4Ag^+ + 4e^- \longrightarrow 4Ag$

(補足) 陰極に Ag が析出し，陽極に $O_2$ が発生するとともに，溶液中に $H^+$ が生成して酸性を示す。
➡ $HNO_3$ の水溶液へ変化。

❹ **NaOH 水溶液** { 陽極(Pt)：$4OH^- \longrightarrow 2H_2O + O_2\uparrow + 4e^-$
陰極(Pt)：$4H_2O + 4e^- \longrightarrow 2H_2\uparrow + 4OH^-$

(補足) 陽極に $O_2$，陰極に $H_2$ が発生する，水の電気分解である。なお，陽極で $OH^-$ が反応し，陰極で $OH^-$ が生成するから，溶質には変化がなく濃度が増加する。

❺ **Na₂SO₄ 水溶液** { 陽極(Pt)：$2H_2O \longrightarrow 4H^+ + O_2\uparrow + 4e^-$
陰極(Pt)：$4H_2O + 4e^- \longrightarrow 2H_2\uparrow + 4OH^-$

(補足) 陽極に $O_2$，陰極に $H_2$ が発生する，水の電気分解である。なお，陽極で $H^+$，陰極で $OH^-$ が生成し，これらは $4H^+ + 4OH^- \longrightarrow 4H_2O$ のように水になるが，反応により全体として水は減少し，溶質には変化がなく濃度が増加する。

❻ **CuSO₄ 水溶液** { 陽極(Pt)：$2H_2O \longrightarrow 4H^+ + O_2\uparrow + 4e^-$
陰極(Pt)：$2Cu^{2+} + 4e^- \longrightarrow 2Cu$

(補足) 陰極に Cu が析出し，陽極に $O_2$ が発生するとともに，溶液中に $H^+$ が生成して酸性を示す。
➡ $H_2SO_4$ の水溶液へ変化。

❼ **CuSO₄ 水溶液** { 陽極(Cu)：$Cu \longrightarrow Cu^{2+} + 2e^-$
陰極(Cu)：$Cu^{2+} + 2e^- \longrightarrow Cu$

(補足) 陽極の Cu が $Cu^{2+}$ となり，陰極に Cu が析出するので，陽極が減少して陰極が増加し，水溶液は変化しない。

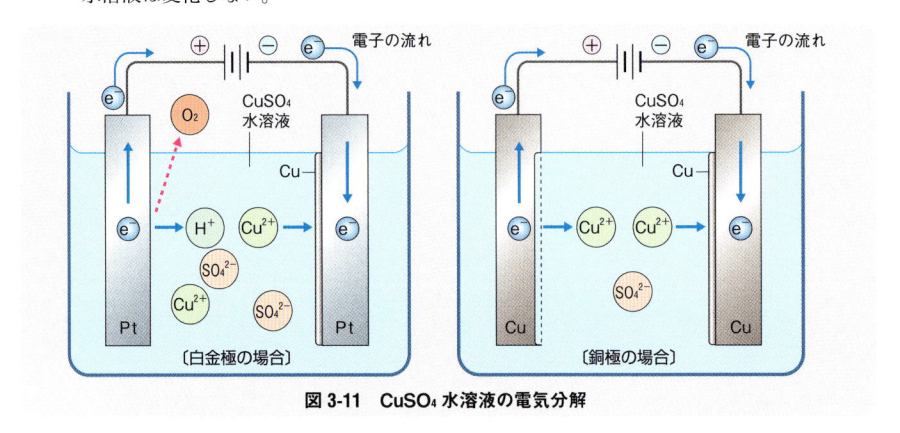

図 3-11 CuSO₄ 水溶液の電気分解

## この章で学んだこと

酸素・水素の授受，電子の授受と酸化・還元の関係を学習し，酸化数との関係へ発展させ，また，酸化剤・還元剤の意味，これらの反応と量的関係を学習した。電子の授受に関連して金属のイオン化傾向，さらに金属の性質との関係を学習した。

### 1 酸化・還元

**1 酸素・水素の授受と酸化・還元**
 (a) **酸素の授受と酸化・還元** 酸素と化合する反応が酸化，酸素を失う反応が還元。
 (b) **水素の授受と酸化・還元** 水素と化合する反応が還元，水素を失う反応が酸化。

**2 電子の授受と酸化・還元** 原子やイオンが電子を失うとき，「酸化された」，原子やイオンが電子を受け取るとき，「還元された」という。

**3 酸化還元反応** 酸化と還元は同時に起こり，酸化還元反応という。

### 2 酸化数と酸化・還元

**1 酸化数** 酸化数は，原子の酸化状態を示した数で，電子を失ったとき＋，受け取ったとき－で表す。

**2 酸化数の決め方**
 (a) **単体** 酸化数は0。
 (b) **化合物** Na，K，Hの酸化数＋1，Oの酸化数－2を基準として酸化数の総和を0とする。
 (c) **イオン** 単原子イオンの酸化数はその価数。多原子イオンは，酸化数の総和をその価数とする。

**3 酸化数の変化と酸化・還元** 酸化数の増加➡電子を失う➡酸化された
酸化数の減少➡電子を受け取る➡還元された

### 3 酸化剤・還元剤とその反応

**1 酸化剤** 相手の物質を酸化する物質。
 (a) 相手の物質から電子を取る物質。
 (b) 酸素Oを出しやすい物質。
 (c) 水素Hを受け取りやすい物質。

**2 還元剤** 相手の物質を還元する物質。
 (a) 相手の物質に電子を与える物質。
 (b) 酸素Oを受け取りやすい物質。
 (c) 水素Hを出しやすい物質。

**3 酸化剤と還元剤の反応**
 (a) **電子の授受と反応式** 酸化剤と還元剤の半反応式から，電子を消去するように合計して化学反応式をつくる。
 (b) **酸化剤にも還元剤にもなる物質**
過酸化水素，二酸化硫黄

**4 酸化還元滴定**
 (a) **方法** 濃度未知の酸化剤(還元剤)水溶液を濃度がわかっている還元剤(酸化剤)水溶液で滴定する。
 (b) **計算** 化学反応式の酸化剤・還元剤の係数比から求める。

### 4 金属のイオン化傾向

**1 金属のイオン化傾向**
 (a) **イオン化傾向** イオンになりやすい金属を，イオン化傾向が大きいという。
 (b) **イオン化列** 金属をイオン化傾向の大きいものから順に並べたもの。

**2 金属のイオン化傾向と反応性** イオン化傾向の大きい金属ほど化学的に活発である。

## 確認テスト3

解答・解説は p.191

**1** 下の(1)〜(6)の変化について，次の A, B の問いに答えよ。

A 下線上の原子の酸化数の変化を記せ。
B 左辺の物質が，酸化されたものには O，還元されたものには R，いずれでもないものには N を記せ。

(1) $\underline{I}_2 \longrightarrow KI$
(2) $\underline{Cu}_2O \longrightarrow CuO$
(3) $\underline{Al}_2O_3 \longrightarrow AlCl_3$
(4) $\underline{S}O_2 \longrightarrow H_2SO_4$
(5) $\underline{Mn}O_4^- \longrightarrow Mn^{2+}$
(6) $\underline{Cr}_2O_7^{2-} \longrightarrow CrO_4^{2-}$

**ヒント**

酸化数の基準は K, Na, H, O で，酸化数の総和が化合物は 0，イオンは価数である。
酸化数が増加した場合
⇒酸化された
酸化数が減少した場合
⇒還元された

**2** 次の化学反応式について，下の(1)・(2)の問いに a〜e で答えよ。

a $\underline{MnO}_2 + 4HCl \longrightarrow MnCl_2 + H_2O + Cl_2$
b $2\underline{KBr} + Cl_2 \longrightarrow 2KCl + Br_2$
c $\underline{NH_4Cl} + NaOH \longrightarrow NaCl + H_2O + NH_3$
d $2\underline{HgCl_2} + SnCl_2 \longrightarrow Hg_2Cl_2 + SnCl_4$
e $2\underline{H_2SO_4} + Cu \longrightarrow CuSO_4 + 2H_2O + SO_2$

(1) 酸化還元反応でないのはどれか。
(2) 下線上の物質が還元剤として作用している反応はどれか。

(1)は酸化数の変化のない反応である。なお，単体が関係している反応は酸化還元反応である (**p.163**)。
酸化数が増加した原子を含む物質が，還元剤として作用している。

**3** 次の A, B のイオン反応式(半反応式)について，下の(1)・(2)の問いに答えよ。

A  $MnO_4^- + (ア)H^+ + 5e^- \longrightarrow Mn^{2+} + (イ)H_2O$
　(ウ)$H_2O_2 \longrightarrow (エ)O_2 + (オ)H^+ + 2e^-$
B  $Cr_2O_7^{2-} + (カ)H^+ + 6e^- \longrightarrow 2Cr^{3+} + (キ)H_2O$
　$Sn^{2+} \longrightarrow Sn^{4+} + 2e^-$

(1) (ア)〜(キ)に適する数値を記せ。
(2) A, B それぞれの酸化還元反応のイオン反応式を記せ。

イオン反応式では，左辺と右辺の各元素の原子数と電荷がたがいに等しい。
(2)は，酸化剤と還元剤の半反応式の電子 $e^-$ が消去するように合計する。

**4** 過マンガン酸イオンの酸化剤としての反応，シュウ酸イオンの還元剤としての反応は，次のようである。
$$MnO_4^- + 8H^+ + 5e^- \longrightarrow Mn^{2+} + 4H_2O$$
$$C_2O_4^{2-} \longrightarrow 2CO_2 + 2e^-$$
　10.0 mL のシュウ酸水溶液に，$5.00 \times 10^{-3}$ mol/L の過マンガン酸カリウム水溶液を徐々に加えていくと，18.0 mL 加えたところで，過マンガン酸カリウム水溶液の色が消えなくなった。このシュウ酸水溶液の濃度は何 mol/L か。

> 2つのイオン反応式(半反応式)から電子 $e^-$ が消去するように合計して1つのイオン反応式をつくる。
> 1つにしたイオン反応式の $MnO_4^-$ と $C_2O_4^{2-}$ の「係数比＝物質量比」を利用する。

**5** 次の a〜d のように，塩の水溶液にそれぞれ金属単体を入れたとき，変化が起こらないのはどれか。
a　$CuSO_4 + Zn \longrightarrow ZnSO_4 + Cu$
b　$Pb(CH_3COO)_2 + Fe \longrightarrow Fe(CH_3COO)_2 + Pb$
c　$2AgNO_3 + Cu \longrightarrow Cu(NO_3)_2 + 2Ag$
d　$MgCl_2 + Sn \longrightarrow SnCl_2 + Mg$

> イオン化傾向の小さい金属のイオンを含む水溶液に，イオン化傾向の大きい金属単体を入れると，小さい方のイオンが単体となって析出する。

**6** 5種の金属 A，B，C，D，E がある。これらについて次のような実験結果が得られた。5種の金属 A，B，C，D，E をイオン化傾向の大きい順に並べよ。
実験1　5種の金属単体を，常温の水に入れたところ，B のみ激しく気体を発生して溶けた。
実験2　B を除く4種の金属単体を，希塩酸に入れたところ，A と E は気体を発生して溶けたが，C と D は変化しなかった。
実験3　D からなる塩の水溶液に C 板を入れて放置すると，C 板の表面に D の単体が析出した。また，E からなる塩の水溶液に A 板を入れて放置したが，変化がなかった。

> イオン化傾向の大きい金属ほど活発に反応する。
> 水と反応するのは，イオン化傾向のトップグループの金属である。
> 酸と反応するのは，イオン化傾向が水素より大きい金属である。

# センター試験対策問題

解答・解説は p.193

**1** 次の①〜④のうちから物質量(mol)の最も大きいものを選べ。ただし，原子量は H=1.0　C=12　N=14　O=16　Na=23　Ar=40 とする。
① 40 g のアルゴン
② 標準状態で 40 L のメタンを燃焼したときに生じる水
③ 標準状態で 40 L の窒素
④ 40 g の水酸化ナトリウムが溶けている水溶液を中和するのに必要な硫酸

**ヒント**
質量(g)/分子量・式量
＝物質量(mol)
標準状態の体積(L)/22.4
＝物質量(mol)

**2** 9.2 g のグリセリン $C_3H_8O_3$ を 100 g の水に溶解させた水溶液は，密度が 1.0 g/cm³ であった。この溶液中のグリセリンのモル濃度は何 mol/L か。最も適当な数値を次の①〜⑥のうちから1つ選べ。原子量　H=1.0　C=12　O=16
① 0.0092　② 0.0010　③ 0.0011　④ 0.92
⑤ 1.0　⑥ 1.1

体積
＝質量(g)/密度(g/cm³)
モル濃度は，溶液1L中の溶質の物質量

**3** 60 ℃の塩化カリウム飽和水溶液を 20 ℃まで冷却したところ，KCl の結晶が 2.8 g 析出した。塩化カリウムは，60 ℃および 20 ℃において，水 100 g にそれぞれ 46.0 g，32.0 g 溶ける。飽和水溶液は何 g あったか。次の①〜⑤のうちから1つ選べ。
① 10.0　② 14.6　③ 20.0　④ 29.2　⑤ 43.8

飽和水溶液(100+46.0)g を 20 ℃まで冷却したとき，溶解度の差だけ析出する。

**4** ある塩の水溶液を青色リトマス紙に1滴たらすと，リトマス紙は赤色に変化した。この塩として最も適当なものを，次の①〜⑤のうちから1つ選べ。
① $CaCl_2$　② $Na_2SO_4$　③ $Na_2CO_3$
④ $NH_4Cl$　⑤ $KNO_3$

塩の水溶液は，塩を構成する酸・塩基の強い方の性質(酸性・塩基性)を示す。

**5** 0.036 mol/L の酢酸水溶液の pH は 3 であった。

a この酢酸水溶液 10.0 mL を，水酸化ナトリウム水溶液を用いて中和滴定したところ，18.0 mL を要した。用いた水酸化ナトリウム水溶液の濃度は何 mol/L か。最も適当な数値を，次の①～⑤のうちから 1 つ選べ。
① 0.10　② 0.020　③ 0.040　④ 0.065
⑤ 0.130

b この酢酸水溶液中の酢酸の電離度として最も適当な数値を，次の①～⑤のうちから 1 つ選べ。
① $1.0 \times 10^{-6}$　② $1.0 \times 10^{-3}$　③ $2.8 \times 10^{-2}$
④ $3.6 \times 10^{-2}$　⑤ $3.6 \times 10^{-1}$

中和
➡酸の $H^+$ の物質量
　＝塩基の $OH^-$ の物質量
$[H^+] = 1.0 \times 10^{-a}$ mol/L
のとき pH＝$a$
$[H^+]$
＝（1価の酸のモル濃度）
　　×（電離度）

**6** 濃度が 0.10 mol/L の酸 a・b を 10 mL ずつとり，それぞれを 0.10 mol/L の水酸化ナトリウム水溶液で滴定し，滴下量と溶液の pH との関係を調べた。左下図に示した滴定曲線を与える酸の組合せとして最も適当なものを，下の①～⑥のうちから 1 つ選べ。

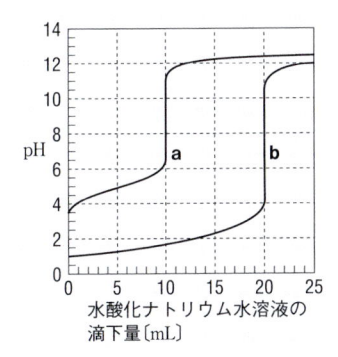

|  | a | b |
|---|---|---|
| ① | 塩酸 | 酢酸 |
| ② | 酢酸 | 塩酸 |
| ③ | 硫酸 | 塩酸 |
| ④ | 塩酸 | 硫酸 |
| ⑤ | 硫酸 | 酢酸 |
| ⑥ | 酢酸 | 硫酸 |

はじめの pH から酸の強弱がわかる。
中和に要する水酸化ナトリウム水溶液の体積から酸の価数がわかる。

**7** 次の化合物のうち，下線を引いた原子の酸化数が等しいものの組合せを，下の①～⑥のうちから 1 つ選べ。
a Ca<u>C</u>O₃　b Na<u>N</u>O₃　c K₂<u>Cr</u>₂O₇
d H₃<u>P</u>O₄
① a・b　② a・c　③ a・d
④ b・c　⑤ b・d　⑥ c・d

化合物を構成する原子の酸化数の合計は 0。
酸化数は，1 族元素は＋1，2 族元素は＋2，O は－2。

**8** 下線部の物質が酸化剤としてはたらいている化学反応式として最も適当なものを，次の①～⑤のうちから1つ選べ。

① 2<u>K</u> + 2H$_2$O ⟶ 2KOH + H$_2$
② 2<u>H$_2$S</u> + SO$_2$ ⟶ 3S + 2H$_2$O
③ <u>H$_2$SO$_4$</u> + NaCl ⟶ NaHSO$_4$ + HCl
④ <u>NaOH</u> + Al(OH)$_3$ ⟶ Na[Al(OH)$_4$]
⑤ 2<u>HCl</u> + Zn ⟶ ZnCl$_2$ + H$_2$

> 酸化剤は，酸化数が減少する原子を含む。

**9** 硫酸で酸性にした過酸化水素水に 0.25 mol/L の過マンガン酸カリウム水溶液 60 mL を加えた。このとき，次の酸化還元反応が起こっている。

H$_2$O$_2$ ⟶ O$_2$ + 2H$^+$ + 2e$^-$
MnO$_4^-$ + 8H$^+$ + 5e$^-$ ⟶ Mn$^{2+}$ + 4H$_2$O

過マンガン酸カリウムが完全に反応したとき，発生する酸素の体積は標準状態で何Lか。次の①～⑤のうちから1つ選べ。

① 0.17　② 0.34　③ 0.84　④ 1.7　⑤ 3.4

> 酸化還元反応では，酸化剤の半反応式の電子 e$^-$ と還元剤の半反応式の電子 e$^-$ がたがいに消去し合うように反応する。

**10** 酸性水溶液中で次のa～cの酸化還元反応が起こる。

a. 硫酸鉄(Ⅱ)水溶液に過酸化水素水を加えると，鉄(Ⅱ)イオンは鉄(Ⅲ)イオンになる。
b. ヨウ化カリウム水溶液に過酸化水素水を加えると，ヨウ化物イオンはヨウ素に変化する。
c. ヨウ化カリウム水溶液に硫酸鉄(Ⅲ)水溶液を加えると，鉄(Ⅲ)イオンは鉄(Ⅱ)イオンに，ヨウ化物イオンはヨウ素に変化する。

a～cの反応から，鉄(Ⅲ)イオン(Fe$^{3+}$)，過酸化水素(H$_2$O$_2$)，ヨウ素(I$_2$)の酸化剤としての強さは，次の①～⑥のうちのどれか。

① Fe$^{3+}$ > H$_2$O$_2$ > I$_2$
② Fe$^{3+}$ > I$_2$ > H$_2$O$_2$
③ H$_2$O$_2$ > Fe$^{3+}$ > I$_2$
④ H$_2$O$_2$ > I$_2$ > Fe$^{3+}$
⑤ I$_2$ > H$_2$O$_2$ > Fe$^{3+}$
⑥ I$_2$ > Fe$^{3+}$ > H$_2$O$_2$

> 物質Aに物質Bを加えて，Aが酸化されたとき，酸化剤としての強さはB＞(AおよびAの酸化生成物)である。

# 解答・解説

## 第1部 物質の構成

### 確認テスト1

**1** 解答 (1) ③ (2) ④
(3) ⑤ (4) ②

解説 (2) 少量の塩化ナトリウムを含む硝酸カリウムを，高温の水に飽和溶液になるまで溶かし，この飽和水溶液を冷却すると，塩化ナトリウムは水溶液中に残り，純粋な硝酸カリウムが再結晶して得られる。
(4) 原油のような液体混合物から，沸点の差を利用して灯油や軽油などを分離する操作が分留である。

**2** 解答 ③

解説 ① $CO$ と $CO_2$ は，同じ元素からなる化合物である。
② 金と白金は異なる元素であるが，安定な金属としての性質が類似している。
③ どちらも炭素からなる単体で，同素体である。
④ 塩素と臭素は同族元素である。

> **POINT**
> 同素体をもつ元素
> ➡ S, C, O, P
> 　ス コ ッ プ

**3** 解答 (1) 単体 (2) 元素 (3) 単体
(4) 元素

解説 (1) 塩素の単体 $Cl_2$ は酸化力が強く，漂白・殺菌作用がある。
(2) 地殻の成分(化合物の成分)としての酸素なので，元素である。
(3) タングステンの単体をフィラメントとして用いている。
(4) 骨の成分(化合物の成分)としてのカルシウムなので，元素である。

> **POINT**
> 元素 ➡ 物質を構成する成分
> 単体 ➡ 1種類の元素からなる物質

**4** 解答 ⑤

解説 ① 無色・無臭の化合物や，単体も多く存在する。
② 化合物でも起こる反応である。
③ 酸素の化合物で支燃性をもつものはないが，塩素ガス中で水素などが燃える。
④ 混合物の性質と関係がない。
⑤ 窒素の沸点が酸素の沸点より低いため，はじめに窒素が蒸発し，あとに酸素が残る。化合物では起こらない現象である。
③と⑤が混合物であることを示しているといえるが，最もよく示しているのは⑤である。

> **POINT**
> 融点・沸点：
> 純物質 ➡ つねに一定
> 混合物 ➡ 変化する ◀成分物質の割合による

### 確認テスト2

**1** 解答 (1) $T_1$：融点　$T_2$：沸点
(2) ①(オ) ②(ア)

解説 固体(結晶)(ア)を加熱すると，温度が上昇し，融点($T_1$)に達すると融解し始める。その固体が全部融解するまで温度は一定に保たれ(イ)，このときの熱量が融解熱である。さらに加熱すると液体(ウ)の温度が上昇し，沸点($T_2$)に達する。全部沸騰するまで温度は一定に保たれ(エ)，このときの熱量が蒸発熱である。さらに加熱すると気体(オ)の温度が上昇する。

**2** 解答 ① 気体 ② 固体 ③ 液体
④ 固体 ⑤ 気体 ⑥ 液体

解説 ① 気体は，分子が高速で運動している。
② 粒子(原子・分子・イオン)が接して決まった位置で振動(熱運動)しているのが固体で，とくに，粒子が規則正しく配列しているのが結晶である。

③ 液体は，粒子がたがいに接して集合しているから大きさがあるが，流動性があるので形はない。
④ 最も低いエネルギー状態にあるのは固体である。
⑤ 気体は，分子が離れて運動しているから，密度が最も小さい。
⑥ 液体は，粒子が接して集合しているが，たがいに入れ替わることができる。

**POINT**
**粒子のエネルギー（熱運動）**
**固体＜液体＜気体**
粒子とは原子・分子・イオンのことであり，気体は分子である。

**3** 解答 ③，⑤
解説 ③ 融解熱は結晶を崩すエネルギーであり，蒸発熱は粒子を切り離すエネルギーであるから，蒸発熱の方が大きい。
⑤ 絶対零度は－273℃であるから，－200℃は存在するが，－300℃は存在しない。

### 確認テスト3　p.55

**1** 解答 (c)
解説 原子番号＝陽子の数＝電子の数，質量数＝陽子の数＋中性子の数である。原子番号が8，質量数が18であるから，陽子の数および電子の数は8，中性子の数は18－8＝10である。

**POINT**
**原子番号＝陽子の数＝電子の数**
**質量数＝陽子の数＋中性子の数**

**2** 解答 (1) 2個　(2) 10個　(3) (イ)
解説 (1) 最大電子数は，K殻が2個，L殻が8個であるから，電子の数が12個の元素の価電子の数は
12－(2＋8)＝2(個)
(2) 価電子の数が2個であるから，価電子2個を放出して2価の陽イオンになりやすい。よって，イオンの電子の数は
12－2＝10(個)
(3) 各電子の数は次の通りである。

(ア)2　(イ)9＋1＝10
(ウ)16＋2＝18　(エ)19－1＝18

**POINT**
**最大電子数**
**➡ K殻：2，L殻：8，M殻：18**
電子数 { 陽イオン ➡ 原子番号－価数
　　　　 陰イオン ➡ 原子番号＋価数

**3** 解答 (1) 18　(2) 4　(3) 19
(4) 21　(5) 8, 16
解説 (1) 希ガスであり，原子番号は各周期の元素数の合計になる。よって，原子番号は2(He)，2＋8＝10(Ne)，10＋8＝18(Ar)
(2) ₂₀Caは20－(2＋8＋8)＝2より，2族の元素，原子番号4の元素は4－2＝2より，2族の元素である。
(3) イオン化エネルギーは周期表の左側，下側の元素ほど小さい。したがって，1族で原子番号の大きい元素。よって19である。
(4) 第4周期の3族～11族が遷移元素である。よって，21(＝2＋8＋8＋3)。
(5) 価電子の数が6個の元素より，8と16である。

**POINT**
**イオン化エネルギー**
**➡周期表の左側・下側の元素ほど小さい。**
**周期表の各周期の元素数**
**➡第1周期：2，第2・3周期：8**

**4** 解答 b, d, f
解説 元素の周期表は，元素を原子番号の順に並べたものである。原子番号と電子の数は等しいから，電子の数は順に増えていく。また，中性子の数もおよそ順に増える。陽子の数も原子番号に等しく，原子量は，陽子の数と中性子の数の和である質量数で決まるから，順に増えていく。
元素の周期律は，価電子の数の周期性により，また，原子半径やイオン化エネルギーは，価電子の数と密接な関係があるから，周期的に変化する。

## 確認テスト4

**1** 【解答】 (a), (e)

【解説】 金属元素と非金属元素の原子間はイオン結合，非金属元素の原子間は共有結合，金属元素の原子間は金属結合であるから，次のようになる。
(a) NaCl はイオン結合，HCl は共有結合。
(b) ともに共有結合。
(c) ともにイオン結合。
(d) ともに共有結合。
(e) Cu は金属結合，C は共有結合。
(f) ともにイオン結合。

> **POINT**
> 原子間の結合：
> 金属元素と非金属元素 ➡ イオン結合
> 非金属元素 ➡ 共有結合
> 金属元素 ➡ 金属結合

**2** 【解答】 (1) オ (2) エ (3) ア，ウ (4) カ (5) ア

【解説】 (1) イオン結合は，金属元素である Ca と非金属元素である Cl の化合物である $CaCl_2$ のオ。
オ以外の電子式は次の通りである。

ア ：N⋮⋮N：　　イ ：Cl：Cl：

ウ H：Ö：H　　エ H：C：H (H 上下)

カ ：Ö::C::Ö：　キ H：N：H (H 下)

> **POINT**
> 金属元素と非金属元素の原子間の結合はイオン結合

**3** 【解答】 (1) He (2) Na (3) F (4) F

【解説】 (1)(2) イオン化エネルギーは，元素の周期表の右側・上側の元素ほど大きく，左側・下側の元素ほど小さい。
18 族も含めるので，He が最も大きく，1 族の原子番号の大きい Na が最も小さい。

(3) 電子親和力は，18 族を除いて元素の周期表の右側の元素ほど大きい。したがって 17 族の元素の F が最も大きい。
(4) 電気陰性度は，18 族を除いて元素の周期表の右側・上側の元素ほど大きい。したがって F が最も大きい。

> **POINT**
> 電気陰性度は，元素の周期表の右側・上側の元素ほど大きい。
> （18 族を除く。）

なお，イオン化エネルギーと電子親和力については p.42 にある。

**4** 【解答】 (1) イ (2) オ (3) エ

【解説】 (1) 無極性分子は，単体である $H_2$，$N_2$ と直線形の $CO_2$ と正四面体形の $CCl_4$ で，イである。
(2) 水素結合を形成するのは電気陰性度の大きい元素の水素化合物である HF，$H_2O$，$NH_3$ であり，オである。
(3) $NH_4^+$ は，$NH_3$ と $H^+$ による配位結合で，錯イオンの $[Ag(NH_3)_2]^+$ は，金属イオン $Ag^+$ と配位子 $NH_3$ による配位結合である。

> **POINT**
> $CH_4$：正四面体形，$CO_2$：直線形
> ➡ 無極性分子

なお，$CCl_4$ は，$CH_4$ の H が Cl に置換した形の正四面体形である。

> **POINT**
> 水素結合：電気陰性度の大きい元素（F, O, N）の水素化合物に形成
> ➡ HF, $H_2O$, $NH_3$, アルコールなど

**5** 【解答】 A－ヨウ素　B－黒鉛　C－食塩　D－銅

【解説】 水に溶けるのは，イオン結晶である食塩である。電気を通すのは，黒鉛と金属結晶である銅である。
加熱して気化するのは，分子結晶のヨウ素であり，強熱すると溶けるのは，イオン結晶である食塩である。黒色になるのは，銅が酸化して酸化銅(Ⅱ)となることによる。　$2Cu + O_2 \longrightarrow 2CuO$
展性・延性があるのは，金属結晶の銅。

第1部　物質の構成

**6** 解答 (1) a (2) c
解説 面心立方格子と六方最密構造は充填率が等しく，密に詰まっている。体心立方格子は面心立方格子より隙間（すきま）が多く，充填率が小さい。

## センター試験対策問題　p.96 〜 p.98

**1** 解答 a—① b—⑤ c—④ d—② e—①
解説 a：ナフサは，原油から分留によって得られた種々の炭化水素の混合物である。
b：メタンの分子式は $CH_4$ であり，化合物である。
c：最も安定な電子配置をもつ希ガスである Ar
d：17族の Cl である。
e：窒素分子の構造式は N≡N

**2** 解答 ②
解説 水分子は $^1H_2^{16}O$ より，
a：陽子の数は，原子番号の和であるから　$a = 1 \times 2 + 8 = 10$
b：電子の数は，陽子の数に等しいから　$a = b$
c：質量数＝陽子の数＋中性子の数より，中性子の数は $^1H$ は $1 - 1 = 0$，$^{16}O$ は $16 - 8 = 8$ であるから　$c = 8$
よって　$a = b > c$

**3** 解答 a—③ b—②
解説 a　① N≡N
② H—F
③ H—C(—H)(—H)—H
④ H—S—H
⑤ O=O
よって，C の価標 4 が最も多い。
b　① H—O—H　② O=C=O
③ H—N(—H)—H
④ H—C≡C—H
⑤ H₂C=CH₂
二重結合をもつのは $CO_2$ と $C_2H_4$ であるが，直線構造は $CO_2$ である。

**4** 解答 ⑤
解説 ⑤：電子親和力は，電子を受け取ったとき放出（発生）するエネルギーであり，電子親和力の大きい原子ほど陰イオンになりやすい。

**5** 解答 ⑤
解説 ①：左側は金属元素で右側は非金属元素など，性質は異なる。
②：臭素と水銀は液体である。
③：液体の水銀がある。
④：水素とアルカリ金属で，水素は気体である。
⑤：希ガスですべて気体であり，正しい。

**6** 解答 ⑤
解説 ⑤：ナトリウムのような金属は，金属結合による結晶である。金属結晶では，金属原子の価電子が特定の原子に固定されず，金属全体を自由に移動できる自由電子となっていて，この自由電子による結合が，金属結合である。

**7** 解答 ③
解説 配位結合を含むイオンは，アンモニウムイオン（①）とオキソニウムイオン（③）で，このうち 1 つの非共有電子対をもつのはオキソニウムイオン（③）である。
$\left[ H : \ddot{O} : H \atop H \right]^+$

**8** 解答 ④
解説 ④：F と Cl の電気陰性度は，F の方が大きい。したがって，H—F の方が H—Cl より極性が大きく，H—F の方がイオン結合性が大きい。

**9** 解答 ③
解説 ③：メタン分子は無極性分子であり，分子間にはたらく力はファンデルワールス力などの弱い引力である。一方，水分子は強い極性分子であり，分子間には水素結合による強い引力がはたらく。したがって，メタン分子間の分子間力は，水分子の分子間の水素結合より弱い。

# 第2部 物質の変化

## 確認テスト1  p.120・p.121

**1** 解答 (1) 27.0 (2) 63.5 (3) 150

解説 (1) 金属Mの原子量を$x$とすると，$M_2O_3$ より，

$$5.4 : 4.8 = x \times 2 : 16.0 \times 3$$
$$x = 27.0$$

(2) $63.0 \times \dfrac{73.0}{100} + 65.0 \times \dfrac{27.0}{100} \fallingdotseq 63.5$

(3) 立方体の質量は
$5.0 \times (1.0 \times 10^{-7})^3 = 5.0 \times 10^{-21}$ 〔g〕
原子20個の質量が $5.0 \times 10^{-21}$ g であることから，原子量 $x$ は

$$20 : 5.0 \times 10^{-21} = 6.0 \times 10^{23} : x$$
$$x = 150$$

**POINT**
原子量
$= \left(\begin{array}{c}\text{同位体の}\\ \text{相対質量}\end{array}\right) \times \dfrac{\text{存在比(\%)}}{100}$ の和

**2** 解答 (1) $C_3H_8 + 5O_2 \longrightarrow 3CO_2 + 4H_2O$
(2) 16.8 L (3) 18.0 g

解説 (2) 化学反応式より，物質量比は
$C_3H_8 : CO_2 = 1 : 3$
よって体積は 5.6 L × 3 = 16.8 L

(3) プロパンガス5.6 L の物質量は
$\dfrac{5.6}{22.4} = 0.25$ 〔mol〕

化学反応式より，1 mol の $C_3H_8$ から $H_2O$ は 4 mol 生じ，$H_2O$ のモル質量 18.0 g/mol より，生じた水の質量は
18.0 g/mol × 0.25 mol × 4 = 18.0 g

**POINT**
①化学反応式において
　**係数比＝物質量(mol)比**
②$n$ mol の物質について
　質量：$nM$〔g〕
　　$M \leftarrow$ 原子量・分子量・式量
　気体の体積：$22.4\,n$〔L〕（標準状態）

**3** 解答 (1) $CaCO_3 + 2HCl \longrightarrow CaCl_2 + H_2O + CO_2$ (2) 80%

解説 (2) $CaCO_3 + 2HCl \longrightarrow CaCl_2 + H_2O + CO_2 \uparrow$ より，
$CaCO_3$ 1 mol から $CO_2$ 1 mol が発生する。$CaCO_3$ の式量は100であるから，反応した $CaCO_3$ は

$100 \times \dfrac{1.8}{22.4} \fallingdotseq 8.0$ 〔g〕

よって，$CaCO_3$ は
$\dfrac{8.0}{10.0} \times 100 = 80$ 〔%〕

**4** 解答 12 mL

解説 $3O_2 \longrightarrow 2O_3$ より，
反応した $O_2$ を $x$〔mL〕とすると，生成した $O_3$ は $\dfrac{2}{3}x$〔mL〕。

よって $x - \dfrac{2}{3}x = 100 - 96$
$x = 12$〔mL〕

**5** 解答 (1) 4.50 mol/L (2) 88.9 mL
(3) 471 g

解説 (1) $H_2SO_4$ のモル質量は98.0 g/mol より，硫酸A 1 L あたりの $H_2SO_4$ の物質量は

$1.26 \text{ g/cm}^3 \times 1000 \text{ cm}^3 \times \dfrac{35.0}{100} \times \dfrac{1}{98.0 \text{ g/mol}}$
$= 4.50$ mol

(2) 要する硫酸Aを$x$〔mL〕とすると

$1.26 \text{ g/cm}^3 \times x\text{〔mL〕} \times \dfrac{35.0}{100} \times \dfrac{1}{98.0 \text{ g/mol}}$
$= 2.0 \text{ mol/L} \times \dfrac{200}{1000}$

$x \fallingdotseq 88.9$ mL

**別解** (1)の濃度を用いて
$4.5 \text{ mol/L} \times \dfrac{x}{1000} = 2.0 \text{ mol/L} \times \dfrac{200}{1000}$
$x \fallingdotseq 88.9$ mL

(3) 要する硫酸Aを$x$〔g〕とすると
$x\text{〔g〕} \times \dfrac{35.0}{100} = 1.10 \text{ g/cm}^3 \times 1000 \text{ cm}^3 \times \dfrac{15.0}{100}$
$x \fallingdotseq 471$ g

**6** 解答 結晶：57.3 g 水：179 g

解説 析出する結晶を$x$〔g〕とすると，水100 g に対する溶解度が50 ℃で85 g，20 ℃で32.0 g より
$(100 + 85.0) : (85.0 - 32.0)$
$= 200 : x$　　$x \fallingdotseq 57.3$ g
結晶57.3 g を溶かす水を$y$〔g〕とすると

第2部　物質の変化　189

$100:32.0=y:57.3$
$y ≒ 179$ g

**7** 解答 (1) (ア)10 (イ)2 (ウ)24
　　　　　(エ)8
　　　(2) ①(c) ②(d) ③(a)
　　解説 (1) (ウ)27－3＝24〔g〕
　　　　(エ) ②より
　　　　水素：酸素＝3：24＝1：8

## 確認テスト2　p.154・p.155

**1** 解答 2
解説 (ア)ではH$^+$をH$_2$Oに与えているので酸，(イ)ではH$^+$をNH$_3$に与えているので酸，(ウ)，(エ)，(オ)ではいずれもH$^+$を受け取っているので塩基。

**POINT　ブレンステッドの定義**
H$^+$を｛与える ➡ 酸
　　　　受け取る ➡ 塩基

**2** 解答 (1) 0.20 mol/L
　　　 (2) $2.0×10^{-13}$ mol/L
　　　 (3) $4.0×10^{-4}$ mol/L
　　　 (4) $5.0×10^{-12}$ mol/L
解説 (1) HClは1価の強酸であるから
　　[H$^+$]＝0.20〔mol/L〕
(2) NaOHは1価の強塩基であるから
　　[OH$^-$]＝0.050〔mol/L〕
水のイオン積より
$$[\text{H}^+]=\frac{1.0×10^{-14}}{0.050}$$
$$=2.0×10^{-13}〔\text{mol/L}〕$$
(3) 弱酸の場合のH$^+$のモル濃度は
　　[H$^+$]＝0.010×0.040
　　　　　＝$4.0×10^{-4}$〔mol/L〕
(4) 弱塩基の場合のOH$^-$のモル濃度は
　　[OH$^-$]＝0.20×0.010
　　　　　＝$2.0×10^{-3}$〔mol/L〕
$$[\text{H}^+]=\frac{1.0×10^{-14}}{2.0×10^{-3}}$$
$$=5.0×10^{-12}〔\text{mol/L}〕$$

**3** 解答 (1) 3 (2) 12 (3) 3 (4) 11
解説 (1) うすめた水溶液の[H$^+$]は

$$[\text{H}^+]=0.10×\frac{1.0}{100}$$
$$=1.0×10^{-3}〔\text{mol/L}〕$$
よって　pH＝3
(2) Ba(OH)$_2$は2価の強塩基だから
　　[OH$^-$]＝2×0.0050
　　　　　＝$1.0×10^{-2}$〔mol/L〕
$$[\text{H}^+]=\frac{1.0×10^{-14}}{1.0×10^{-2}}$$
$$=1.0×10^{-12}〔\text{mol/L}〕$$
よって　pH＝12
(3) 酢酸のモル濃度と電離度より
　　[H$^+$]＝0.10×0.010
　　　　　＝$1.0×10^{-3}$〔mol/L〕
よって　pH＝3
(4) アンモニア水の濃度と電離度より
　　[OH$^-$]＝0.050×0.020
　　　　　＝$1.0×10^{-3}$〔mol/L〕
$$[\text{H}^+]=\frac{1.0×10^{-14}}{1.0×10^{-3}}$$
$$=1.0×10^{-11}〔\text{mol/L}〕$$
よって　pH＝11

**POINT**
①[H$^+$]＝(1価の酸)×(電離度)
　[OH$^-$]＝(1価の塩基)×(電離度)
　強酸・強塩基の電離度≒1
②水のイオン積 $K_w$＝[H$^+$][OH$^-$]
　　　　　　＝$1.0×10^{-14}$(mol/L)$^2$
③[H$^+$]＝$10^{-x}$ mol/L ➡ pH＝$x$
　pH＝$-\log$[H$^+$]

**4** 解答 (1) 2HCl＋Ca(OH)$_2$
　　　　　　⟶ CaCl$_2$＋2H$_2$O
　　　 (2) H$_2$SO$_4$＋2NH$_3$
　　　　　　⟶ (NH$_4$)$_2$SO$_4$
　　　 (3) 3H$_2$SO$_4$＋2Al(OH)$_3$
　　　　　　⟶ Al$_2$(SO$_4$)$_3$＋6H$_2$O
解説 酸・塩基の化学式を書き，中和するH$^+$とOH$^-$の数が等しくなるように係数をつける。一般に，**酸の価数×係数＝塩基の価数×係数**の関係がある。

**5** 解答 (D)＞(B)＞(A)＞(C)
解説 (A) 強酸のHClと強塩基のCa(OH)$_2$からなる正塩であるから，水溶液はほぼ中性であり，pHはおよそ7

である。
(B) 弱酸の $H_2CO_3$ と強塩基の NaOH からなる酸性塩であるから，水溶液は弱塩基性であり，pH は 7 より少し大きい。
(C) 強酸の $H_2SO_4$ と強塩基の KOH からなる酸性塩であるから，水溶液は酸性であり，pH は 7 より小さい。
(D) 弱酸の $H_2CO_3$ と強塩基の NaOH からなる正塩であるから，水溶液は塩基性であり，pH は 7 よりかなり大きい。

**6** **解答** 問1　(X)ホールピペット
　　(Y)メスフラスコ　(Z)ビュレット
　　問2　フェノールフタレイン
　　問3　0.715 mol/L

**解説** 問1　溶液を一定体積正確にはかりとるにはホールピペットが，一定濃度の溶液を一定体積つくるにはメスフラスコが，溶液の滴下量を正確にはかるにはビュレットが，それぞれ適している。
問2　酢酸(弱酸)を水酸化ナトリウム(強塩基)で滴定する場合，中和点付近の水溶液は弱塩基性となるから，弱塩基性で変色するフェノールフタレインが適している。
問3　うすめた食酢水溶液における酢酸の濃度を $x$ [mol/L] とすると，中和点で，次の式が成り立つ。

$$x \times \frac{10.0}{1000} = 0.108 \times \frac{6.62}{1000}$$

これより　$x \fallingdotseq 0.0715$ [mol/L]
よって，もとの食酢中の酢酸の濃度は

$$0.0715 \times \frac{100.0}{10.0} = 0.715 \text{ [mol/L]}$$

**7** **解答** (1) 32 mL　(2) 80%

**解説** (1)　$H_2SO_4$ は 2 価の酸で，中和点における $H^+$ の物質量と $OH^-$ の物質量は等しい。求める NaOH 水溶液の体積を $x$ [mL] とすると，中和点で次の式が成り立つ。

$$0.12 \times 2 \times \frac{20}{1000} = 0.15 \times \frac{x}{1000}$$

これより　$x = 32$ [mL]
(2)　NaCl は塩酸と反応しないから，中和に使われた塩酸はすべて NaOH との反応によるものである。求める NaOH の質量を $y$ [g] とすると，中和点での $H^+$ と $OH^-$ の物質量が等しいことから次の式が成り立つ。

$$0.80 \times \frac{30.0}{1000} = \frac{y}{40}$$

これより　$y = 0.96$ [g]
よって，求める純度は

$$\frac{0.96}{1.20} \times 100 = 80 \text{ [%]}$$

**POINT** 中和点では，次の関係が成り立つ。
酸の出す $H^+$ の物質量
＝塩基の出す $OH^-$ の物質量

**8** **解答** (1) (エ)　(2) (イ)

**解説** (1)　$CO_2$，$NO_2$，$SO_2$ などの非金属の酸化物は酸性酸化物であるが，CO (その他には NO) は水に溶けにくく，また，塩基と反応せず，酸性酸化物ではない。
(2)　$Na_2O$，FeO，CaO，CuO など，金属の酸化物は塩基性酸化物である。

## 確認テスト3

**1** **解答** A (1)　0 ⟶ $-1$
　　(2)　$+1$ ⟶ $+2$
　　(3)　$+3$ で変化なし
　　(4)　$+4$ ⟶ $+6$
　　(5)　$+7$ ⟶ $+2$
　　(6)　$+6$ で変化なし
　B (1) R　(2) O　(3) N
　　(4) O　(5) R　(6) N

**解説** 化合物における下線上の原子の酸化数を $x$ とする。
(1)　$I_2$：単体であるから酸化数は 0。
KI：$(+1) + x = 0$
よって　$x = -1$
酸化数が減少したから還元された。
(2)　$Cu_2O$：$2x + (-2) = 0$
よって　$x = +1$
CuO：$x + (-2) = 0$

よって $x=+2$
酸化数が増加したから酸化された。
(3) $Al_2O_3$：$2x+(-2)\times 3=0$
よって $x=+3$
$AlCl_3$：HClから生成する塩であるから，Clの酸化数は$-1$。
$x+(-1)\times 3=0$
よって $x=+3$
酸化数に変化がないから，いずれでもない。
(4) $SO_2$：$x+(-2)\times 2=0$
よって $x=+4$
$H_2SO_4$：$(+1)\times 2+x+(-2)\times 4=0$
よって $x=+6$
酸化数が増加したから酸化された。
(5) $MnO_4^-$：$x+(-2)\times 4=-1$
よって $x=+7$
$Mn^{2+}$ の酸化数は$+2$。酸化数が減少したから還元された。
(6) $Cr_2O_7^{2-}$：$2x+(-2)\times 7=-2$
よって $x=+6$
$CrO_4^{2-}$：$x+(-2)\times 4=-2$
よって $x=+6$
酸化数に変化がないから，いずれでもない。

**2** 解答 (1) c (2) b
解説 下線上の物質中の原子の酸化数の変化：
a $MnO_2 \longrightarrow MnCl_2$ Mn：$+4 \longrightarrow +2$
b $KBr \longrightarrow Br_2$ Br：$-1 \longrightarrow 0$
c 酸化数の変化なし
d $HgCl_2 \longrightarrow Hg_2Cl_2$ Hg：$+2 \longrightarrow +1$
e $H_2SO_4 \longrightarrow SO_2$ S：$+6 \longrightarrow +4$
(1) 酸化数の変化のない反応であるからcである。
なお，「単体が反応または生成する反応は酸化還元反応である」から，単体の関係していないcとdだけの酸化数変化を調べればよい。
(2) 還元剤は，相手物質を還元する物質で，その物質自身は酸化されることから，酸化数が増加した原子を含む物質を選ぶ。よって，bである。

**POINT**
①酸化数が増加した
→ その原子・物質が酸化された
→ その物質が還元剤として作用
②酸化数が減少した
→ その原子・物質が還元された
→ その物質が酸化剤として作用
③単体が関係(反応・生成)する反応は酸化還元反応である。

**3** 解答 (1) (ア)8 (イ)4 (ウ)1 (エ)1 (オ)2 (カ)14 (キ)7
(2) A $2MnO_4^- + 5H_2O_2 + 6H^+$
 $\longrightarrow 2Mn^{2+} + 5O_2 + 8H_2O$
B $Cr_2O_7^{2-} + 3Sn^{2+} + 14H^+$
 $\longrightarrow 2Cr^{3+} + 3Sn^{4+} + 7H_2O$

解説 (1) $MnO_4^- + 8H^+ + 5e^-$
 $\longrightarrow Mn^{2+} + 4H_2O \cdots (i)$
$H_2O_2 \longrightarrow 2H^+ + O_2 + 2e^-$ $\cdots (ii)$
$Cr_2O_7^{2-} + 14H^+ + 6e^-$
 $\longrightarrow 2Cr^{3+} + 7H_2O \cdots (iii)$
$Sn^{2+} \longrightarrow Sn^{4+} + 2e^-$ $\cdots (iv)$
(2) 電子 $e^-$ を消去するようにそれぞれの式を整数倍して合計する。
A：(i)式$\times 2+$(ii)式$\times 5$
B：(iii)式$+$(iv)式$\times 3$

**POINT** 酸化剤・還元剤の半反応式から酸化還元反応を導く
→ 電子 $e^-$ を消去するように合計

**4** 解答 $2.25 \times 10^{-2}$ mol/L
解説 (上式)$\times 2+$(下式)$\times 5$ より，
$2MnO_4^- + 16H^+ + 5C_2O_4^{2-}$
 $\longrightarrow 2Mn^{2+} + 10CO_2 + 8H_2O$
2 mol の $MnO_4^-$ と 5 mol の $C_2O_4^{2-}$ が反応するから，シュウ酸の濃度を $x$ mol/L とすると
$$\frac{x\times 10.0}{1000} : \frac{5.00\times 10^{-3}\times 18.0}{1000} = 5:2$$
よって $x=2.25\times 10^{-2}$〔mol/L〕

**5** 解答 d
解説 a イオン化傾向 Zn＞Cu より
$Cu^{2+} + Zn \longrightarrow Zn^{2+} + Cu$
b イオン化傾向 Fe＞Pb より
$Pb^{2+} + Fe \longrightarrow Fe^{2+} + Pb$

c　イオン化傾向　Cu＞Ag より
　　$2Ag^+ + Cu \longrightarrow Cu^{2+} + 2Ag$
d　イオン化傾向　Mg＞Sn より
　　変化なし。

> **POINT**
> イオン化傾向　A＞B の場合
> $B^+ + A \longrightarrow A^+ + B$
> $A^+ + B \longrightarrow$ 変化なし

**6** 解答　B＞E＞A＞C＞D

解説　実験1において水と反応したBは，イオン化傾向が最も大きい。
実験2において塩酸に水素を発生して溶けたAとEは，水素よりイオン化傾向が大きく，変化しなかったCとDは水素より小さい。
実験3の結果から，イオン化傾向は
C＞D，E＞A

## センター試験対策問題　p.182～p.184

**1** 解答　②

解説　①：Ar の分子量(原子量)40 より
$\dfrac{40}{40} = 1.0$〔mol〕

②：$CH_4 + 2O_2 \longrightarrow CO_2 + 2H_2O$ より
$\dfrac{40}{22.4} \times 2 ≒ 3.57$〔mol〕

③：$\dfrac{40}{22.4} ≒ 1.79$〔mol〕

④：$2NaOH + H_2SO_4 \longrightarrow Na_2SO_4 + 2H_2O$，
NaOH＝40 より
$\dfrac{40}{40} \times \dfrac{1}{2} = 0.50$〔mol〕

**2** 解答　④

解説　$C_3H_8O_3 = 92$ より，9.2 g の物質量は
$\dfrac{9.2}{92} = 0.10$〔mol〕

水溶液の体積は
$\dfrac{100\,\text{g} + 9.2\,\text{g}}{1.0\,\text{g/cm}^3} = 109.2\,\text{cm}^3$

$109.2\,\text{cm}^3 = 109.2\,\text{ml} = 0.1092\,\text{L}$ より，
モル濃度は
$\dfrac{0.10\,\text{mol}}{0.109\,\text{L}} ≒ 0.917\,\text{mol/L}$

**3** 解答　④

解説　求める飽和溶液を$x$〔g〕とすると
$(100 + 46.0) : (46.0 - 32.0) = x : 2.8$
よって　$x = 29.2$〔g〕

**4** 解答　④

解説　青色リトマス紙を赤色にすることから，水溶液は酸性である。よって，強酸の HCl と弱塩基の $NH_3$ からなる $NH_4Cl$（塩化アンモニウム）である。

**5** 解答　a－②　b－③

解説　a：水酸化ナトリウム水溶液の濃度を$x$〔mol/L〕とすると
$0.036 \times \dfrac{10.0}{1000} = x \times \dfrac{18.0}{1000}$
よって　$x = 0.020$〔mol/L〕

b：電離度を$\alpha$とすると pH＝3 より
$[H^+] = 1.0 \times 10^{-3}$ mol/L
　　　$= 0.036\alpha$ mol/L
よって　$\alpha ≒ 2.8 \times 10^{-2}$

**6** 解答　⑥

解説　a：滴定開始時の pH が，約3なので弱酸である。よって酢酸。
b：滴定開始時の pH が，約1から強酸であり，中和点の水酸化ナトリウム水溶液の体積が，20 mL から2価の酸である。よって硫酸。

**7** 解答　⑤

解説　酸化数を$x$とすると
a　$(+2) + x + (-2) \times 3 = 0$
よって　$x = +4$
b　$(+1) + x + (-2) \times 3 = 0$
よって　$x = +5$
c　$(+1) \times 2 + 2x + (-2) \times 7 = 0$
よって　$x = +6$
d　$(+1) \times 3 + x + (-2) \times 4 = 0$
よって　$x = +5$

**8** 解答　⑤

解説　酸化数の変化
① K：0 $\longrightarrow$ +1　② S：-2 $\longrightarrow$ 0
③ 変化なし　　　　　　④ 変化なし
⑤ H：+1 $\longrightarrow$ 0
酸化剤は，酸化数の減少する原子を含むから⑤。

**9** 解答 ③

解説 (上式)×5＋(下式)×2 より
$5H_2O_2 + 2MnO_4^- + 6H^+$
$\longrightarrow 5O_2 + 2Mn^{2+} + 8H_2O$

発生する $O_2$ を $x$〔mol〕とすると

$0.25 \times \dfrac{60}{1000} : x = 2 : 5$

よって　$x = 0.0375$〔mol〕

標準状態における体積は
22.4 L/mol×0.0375 mol＝0.84〔L〕

**10** 解答 ③

解説　a：$Fe^{2+} \longrightarrow Fe^{3+}$ より，Fe の酸化数は ＋2 $\longrightarrow$ ＋3 に変化した。
よって，酸化剤としての強さは
　$H_2O_2 > Fe^{3+}$

b：$I^- \longrightarrow I_2$ より，I の酸化数は
－1 $\longrightarrow$ 0 に変化した。
よって，酸化剤としての強さは，$H_2O_2 > I_2$

c：$Fe^{3+} \longrightarrow Fe^{2+}$, $I^- \longrightarrow I_2$ より，$Fe^{3+}$ が還元され，$I^-$ が酸化された。
よって，酸化剤としての強さは $Fe^{3+} > I_2$

a〜c より，酸化剤としての強さは
　$H_2O_2 > Fe^{3+} > I_2$

巻末付録

# 1 化学基礎の計算に用いる主な式

## ❶ 原子量と同位体

ある元素の同位体の，相対質量は $M_1$, $M_2$, ……, 存在比は $a$〔％〕, $b$〔％〕, ……, この元素の原子量を $M$ とすると

$$M = M_1 \times \frac{a}{100} + M_2 \times \frac{b}{100} + \cdots\cdots$$

## ❷ 物質量と質量・粒子数・気体の体積

(1) **物質量と質量**

原子量・分子量・式量を $M$ とすると，モル質量は $M$〔g/mol〕。

a 質量 $w$〔g〕の物質量 $n$〔mol〕は $n\text{〔mol〕} = \dfrac{w\text{〔g〕}}{M\text{〔g/mol〕}} = \dfrac{w}{M}\text{〔mol〕}$

b $n$〔mol〕の質量 $w$〔g〕は $w\text{〔g〕} = M\text{〔g/mol〕} \times n\text{〔mol〕} = nM\text{〔g〕}$

(2) **物質量と粒子数** ←粒子は原子・分子・イオン

アボガドロ定数 $N_A = 6.02 \times 10^{23}$〔/mol〕

a $n$〔mol〕中の粒子数 $N$ 個は $N = 6.02 \times 10^{23}\text{〔/mol〕} \times n\text{〔mol〕} = 6.02 \times 10^{23} n$

b 粒子の数 $N$ 個の物質量 $n$〔mol〕は $n\text{〔mol〕} = \dfrac{N}{6.02 \times 10^{23}\text{〔/mol〕}}$

(3) **物質量と気体の体積（標準状態）**

a $n$〔mol〕の気体の体積 $V$〔L〕は $V\text{〔L〕} = 22.4\text{〔L/mol〕} \times n\text{〔mol〕} = \mathbf{22.4}\boldsymbol{n}\text{〔L〕}$

b 気体の体積 $V$〔L〕の物質量 $n$〔mol〕は $n\text{〔mol〕} = \dfrac{V\text{〔L〕}}{22.4\text{〔L/mol〕}} = \dfrac{V}{22.4}\text{〔mol〕}$

(4) **気体の体積（標準状態）と分子数・質量・分子量の関係**

a 気体 $V$〔L〕の分子数 $N$ は $N = 6.02 \times 10^{23} \times \dfrac{V}{22.4}$

b 分子量 $M$ の気体 $V$〔L〕の質量 $w$〔g〕は $w\text{〔g〕} = \dfrac{MV}{22.4}\text{〔g〕}$

c $V$〔L〕の質量 $w$〔g〕の気体の分子量 $M$ は $M = w \times \dfrac{22.4}{V}$

## ❸ 化学反応式と量的関係

| 化学反応式 | $a$A | + | $b$B | → | $c$C | (A, B, C；化学式) |
|---|---|---|---|---|---|---|
| **物質量(mol)比** ⇒ | $a$ | : | $b$ | : | $c$ | ←係数比 |
| 質量関係 ⇒ | $aM_A$ | | $bM_B$ | | $cM_C$ | ($M_A$, $M_B$, $M_C$；式量) |
| 気体の体積関係 | 22.4$a$〔L〕 | | 22.4$b$〔L〕 | | 22.4$c$〔L〕 | ←標準状態 |
| 気体の体積比 ⇒ | $a$ | : | $b$ | : | $c$ | ←同温・同圧 |

## ④ 溶液の濃度と換算

### (1) 質量パーセント濃度(%)

溶媒 $w_1$〔g〕に溶質 $w_2$〔g〕溶けている溶液の質量パーセント濃度 $x$〔%〕は

$$x〔\%〕=\frac{w_2〔\text{g}〕}{(w_1+w_2)〔\text{g}〕}\times 100〔\%〕=\frac{100\,w_2}{w_1+w_2}〔\%〕 \quad (w_1+w_2)\text{g}=溶液の質量$$

### (2) モル濃度(mol/L)

溶液 $V$〔L〕に溶質 $m$〔mol〕溶けている溶液のモル濃度 $y$〔mol/L〕は

$$y〔\text{mol/L}〕=\frac{m〔\text{mol}〕}{V〔\text{L}〕}=\frac{m}{V}〔\text{mol/L}〕$$

⇒ $c$〔mol/L〕の溶液 $v$〔mL〕中の溶質の物質量は $\dfrac{cv}{1000}$〔mol〕

### (3) 質量パーセント濃度からモル濃度へ

溶液の密度 $d$〔g/mL〕,溶質の式量 $M$(モル質量 $M$〔g/mol〕)として,$a$〔%〕の溶液のモル濃度 $y$〔mol/L〕は,

$$y〔\text{mol/L}〕=d〔\text{g/mL}〕\times 1000〔\text{mL}〕\times\frac{a}{100}\times\frac{1}{M〔\text{g/mol}〕}\times\frac{1}{1〔\text{L}〕}=\frac{10ad}{M}〔\text{mol/L}〕$$

### (4) モル濃度から質量パーセント濃度へ

溶液の密度 $d$〔g/mL〕,溶質の式量 $M$(モル質量 $M$〔g/mol〕)として,$c$〔mol/L〕の溶液の質量パーセント濃度 $x$〔%〕は

$$x〔\%〕=\frac{c〔\text{mol}〕\times M〔\text{g/mol}〕}{d〔\text{g/mL}〕\times 1000〔\text{mL}〕}\times 100〔\%〕=\frac{cM}{10d}〔\%〕$$

## ⑤ 固体の溶解度

### (1) 固体の溶解度と質量パーセント濃度

ある溶質の $t$〔℃〕の水に対する溶解度を $s$(g/水 100 g)とすると,この溶質の $t$〔℃〕の飽和水溶液の質量パーセント濃度 $x$〔%〕は

$$x〔\%〕=\frac{s〔\text{g}〕}{(100+s)〔\text{g}〕}\times 100〔\%〕$$

### (2) 固体の溶解度と析出量

溶解度を,$t_1$〔℃〕:$s_1$ (g/100 g),$t_2$〔℃〕:$s_2$(g/100 g)において,$t_1$〔℃〕の飽和溶液 $w$〔g〕を冷却したときの析出量 $x$〔g〕とすると

$$(100+s_1)〔\text{g}〕:(s_1-s_2)〔\text{g}〕=w〔\text{g}〕:x〔\text{g}〕$$

## ⑥ 水素イオン濃度と pH

### (1) モル濃度と水素イオン濃度

$c$〔mol/L〕の 1 価の酸水溶液の電離度を $\alpha$ とすると,この水溶液の水素イオン濃度 [H$^+$] は　　[H$^+$]=$c\alpha$〔mol/L〕　←強酸では $\alpha \fallingdotseq 1$

(2) モル濃度と水酸化物イオン濃度

$c$〔mol/L〕の1価の塩基水溶液の電離度を$\alpha$とすると，この水溶液の水酸化物イオン濃度[OH$^-$]は

$$[\text{OH}^-] = c\alpha \text{〔mol/L〕} \quad \blacktriangleleft 強塩基では \alpha \fallingdotseq 1$$

(3) 水のイオン積

水溶液中では，水素イオン濃度[H$^+$]と水酸化物イオン濃度[OH$^-$]の積$K_W$(水のイオン積)一定。

$$K_W = [\text{H}^+][\text{OH}^-] = 1.0 \times 10^{-14} \text{(mol/L)}^2$$

(4) pH

$$[\text{H}^+] = 10^{-x} \text{mol/L} \quad \text{のとき pH} = x \quad \Rightarrow \quad \text{pH} = -\log[\text{H}^+]$$

## ❼ 中和反応と量的関係

中和反応の計算は，すべて次の関係から求める。

「酸のH$^+$の物質量＝塩基のOH$^-$物質量」

(1) 水溶液間の反応

$c_A$〔mol/L〕の$m_A$価の酸水溶液$v_A$〔mL〕と$c_B$〔mol/L〕の$m_B$価の塩基水溶液$v_B$〔mL〕が中和したとすると

$$m_A c_A \times \frac{v_A}{1000} = m_B c_B \times \frac{v_B}{1000}$$

$$m_A c_A v_A = m_B c_B v_B$$

(2) 固体と水溶液の反応

$m_A$価の酸(分子量$M$)$w$〔g〕と$c_B$〔mol/L〕の$m_B$価の塩基水溶液$v_B$〔mL〕が中和したとすると

$$\frac{m_A w}{M} = \frac{m_B c_B v_B}{1000}$$

⇒酸が水溶液，塩基が固体の場合は $\quad \dfrac{m_A c_A v_A}{1000} = \dfrac{m_B w}{M}$

## ❽ 酸化還元滴定

$c_O$〔mol/L〕の酸化剤水溶液$v_O$〔mL〕と$c_R$〔mol/L〕の還元剤水溶液$v_R$〔mL〕が反応し，酸化剤・還元剤それぞれ1 molから電子が，酸化剤では$m_O$〔mol〕与え，還元剤では$m_R$〔mol〕受け取ったとすると

$$\frac{c_O v_O}{1000} : \frac{c_R v_R}{1000} = m_R : m_O$$

◀酸化剤・還元剤の物質量の比と$m_R : m_O$の比が逆になっていることに着目。

⇒「$m_R : m_O$」は，酸化還元反応の化学反応式の酸化剤・還元剤の係数比に等しい。

> **＋プラスα**
> 1つの化学式あたりの授受する電子数(前ページの$m_O$と$m_R$)は次の通りである。
> a) 酸化剤：$KMnO_4$ は $5e^-$，$K_2Cr_2O_7$ は $6e^-$，
> b) 還元剤：$FeSO_4$ は $1e^-$，その他($H_2O_2$，$SO_2$，$Sn^{2+}$など)は $2e^-$

(補足) 上記の(プラスα)を覚えておくと，酸化還元反応の反応式を知らなくても酸化還元滴定の計算問題が解ける。

## 2 間違いやすい用語とその着目点

### ⑨ 元素・単体・原子

**元素**は物質の成分で，物質ではない。**単体**は1種の元素からなる物質である。
**原子**は，物質を構成している基本的な粒子であり，元素の種類だけあり元素の粒子ともいえる。

### ⑩ イオン化エネルギー・電子親和力・電気陰性度

(1) **イオン化エネルギー**は，原子から電子を取り去るのに加えるエネルギー，**電子親和力**は，原子が電子を受け取るとき発生するエネルギーである。

(2) イオン化エネルギーは小さいほど陽イオンになりやすく，電子親和力は大きいほど陰イオンになりやすい。なお，電気陰性度は大きいほど陰性が強い。

(3) 周期表では，イオン化エネルギーは左側・下側の元素ほど小さく，右側・上側の元素ほど大きい(18族を含む)。電気陰性度は18族を除く右側・上側の元素ほど大きい。電子親和力は18族を除く右側の元素ほど大きい(上側は無い)。したがって，最も大きい元素は，イオン化エネルギーは He (18族)，**電気陰性度**は F (17族)，電子親和力は17族元素である。

(補足) イオン化エネルギーの大小は，気体状態の原子から1個の電子を取り去るのに要するエネルギーの大小であり，金属のイオン化傾向の大小は，金属単体が水溶液へのイオンになりやすさの大小である。水溶液中のイオンはいくつかの水分子が結合した状態(水和という)で存在する。したがって，イオン化傾向の大小は，水和しやすさの大小ともいえる。

### ⑪ アレーニウスとブレンステッドの酸・塩基の定義

アレーニウスの定義は，「電離して，$H^+$を生じる物質が酸，$OH^-$を生じる物質が塩基」のように物質の分類であるのに対し，ブレンステッドは，「反応において $H^+$ を，与える物質が酸，受け取る物質が塩基」のように反応の仕方による。したがってブレンステッドの定義では，同じ物質でも反応によって酸になったり，塩基になったりする。

## ⑫ 酸化・還元と酸化剤・還元剤

　原子が電子を失った(酸化数が増加した)反応を，その原子およびその原子を含む物質が酸化されたまたは酸化反応，単に酸化といい，逆に，原子が電子を受け取った(酸化数が減少した)反応を，その原子およびその原子を含む物質が還元されたまたは還元反応，単に還元という。このように反応の場合は受け身である。

　一方，酸化剤は相手の物質を酸化する物質(電子を受け取りやすい原子を含む物質)であり，逆に還元剤は相手の物質を還元する物質(電子を失いやすい原子を含む物質)である。このように物質の場合は能動的である。

　したがって，これらの用語の間に次のような関係がある。

　　　　酸化された⇒相手を還元した⇒還元剤として作用した
　　　　還元された⇒相手を酸化した⇒酸化剤として作用した

# さくいん

## あ

- アイソトープ……… 33
- アボガドロ………… 118
- アボガドロ定数……… 104
- アボガドロの法則…… 106
- アモルファス………… 23, 25
- アモルファス金属…… 68
- アルカリ金属………… 50
- アルカリ性…………… 123
- アルカリ土類金属…… 50
- $\alpha$ 線…………………… 34
- アレーニウス………… 123
- アレーニウスの定義… 123
- アンモニア………… 85, 124
- アンモニウムイオン… 74

## い

- イオン…………… 18, 38
- イオン化エネルギー… 42
- イオン化傾向………… 170
- イオン化列…………… 171
- イオン結合…………… 57
- イオン結晶…………… 58
- イオンの価数………… 40
- イオン半径…………… 49
- イオン反応式………… 110
- 一次電池……………… 174
- 1族元素……………… 50
- 陰イオン……………… 38
- 陰極…………………… 176
- 陰性元素……………… 57

## え

- 液体…………………… 23
- 液体空気……………… 11
- $sp^3$ 混成軌道………… 82
- エレクトロン………… 31
- 塩……………………… 136
- 塩化スズ(Ⅱ)………… 165
- 塩基…………………… 123
- 塩基性…………… 123, 133
- 塩基性塩……………… 137
- 塩基性酸化物………… 152
- 塩基の価数…………… 126
- 塩酸……………… 60, 124
- 炎色反応……………… 50
- 延性…………………… 61
- 塩素…………………… 165
- 塩の加水分解………… 140

## お

- 王水…………………… 173
- 黄リン……………… 15, 18
- オービタルモデル… 52, 82
- オキソニウムイオン 74, 124
- オゾン………………… 15

## か

- 化学式…………… 65, 102
- 化学式量……………… 102
- 化学的原子量………… 104
- 化学反応……………… 109
- 化学反応式…………… 109
- 化学平衡……………… 130
- 化学平衡の法則……… 130
- 化学変化………… 24, 109
- 可逆反応……………… 130
- 拡散…………………… 22
- 化合物………………… 14
- 過酸化水素………165, 167
- 価数……………… 40, 126
- 価電子………………… 36
- 価標……………… 65, 72
- 過マンガン酸カリウム
  ……………………165, 166
- 還元…………………… 157
- 還元剤………………… 164
- 緩衝液………………… 150
- $\gamma$ 線…………………… 34

## き

- 希ガス………………… 37
- 希硝酸………………… 165
- 気体…………………… 23
- 気体反応の法則……… 118
- 基底状態……………… 82
- 軌道関数……………… 53
- 強塩基………………… 129
- 凝固点………………… 23

## 

- 凝固熱………………… 23
- 強酸…………………… 128
- 凝縮熱………………… 23
- 共有結合…………… 62, 66
- 共有結合の結晶……… 66
- 共有電子対…………… 70
- 極性…………………… 79
- 極性分子……………… 79
- 局部電流……………… 176
- 金属結合……………… 61
- 金属結晶…………… 61, 88
- 金属元素………… 47, 57, 152
- 金属光沢……………… 61
- 金属のイオン化傾向… 170
- 金属のイオン化列…… 171
- 金属の結晶構造……… 88

## く

- クラーク数…………… 14
- クロマトグラフィー… 12

## け

- ゲーリュサック……… 118
- 結合の極性…………… 79
- 結晶…………………… 23
- 結晶格子……………… 89
- ケルビン……………… 25
- 減極剤………………… 176
- 原子……………… 18, 30
- 原子価…………… 65, 73
- 原子核………………… 31
- 原子記号……………… 30
- 原子説………………… 117
- 原子半径……………… 49
- 原子番号……………… 31
- 原子量………………… 101
- 元素……………… 13, 30
- 元素記号……………… 30
- 元素の周期表………… 45
- 元素の周期律………… 45

## こ

- 合成高分子化合物…… 64
- 構造式…………… 65, 72
- 高分子………………… 64

高分子化合物⋯⋯⋯⋯⋯ 64
黒鉛⋯⋯⋯⋯⋯ 15, 17, 67
固体⋯⋯⋯⋯⋯⋯⋯⋯ 23
コニカルビーカー⋯⋯ 145
ゴム状硫黄⋯⋯⋯ 15, 18
混合物⋯⋯⋯⋯⋯⋯ 9, 14
混成軌道⋯⋯⋯⋯⋯ 82

## さ

再結晶⋯⋯⋯⋯⋯⋯⋯ 11
錯イオン⋯⋯⋯⋯ 75, 77
錯塩⋯⋯⋯⋯⋯⋯⋯ 75
酸⋯⋯⋯⋯⋯⋯⋯⋯ 123
酸化⋯⋯⋯⋯⋯⋯⋯ 157
酸化還元滴定⋯⋯⋯ 168
酸化還元反応⋯⋯⋯ 159
三角フラスコ⋯⋯⋯ 145
酸化剤⋯⋯⋯⋯⋯⋯ 164
酸化数⋯⋯⋯⋯⋯⋯ 160
三重結合⋯⋯⋯⋯ 63, 72
三重水素⋯⋯⋯⋯⋯ 33
酸性⋯⋯⋯⋯⋯ 123, 133
酸性雨⋯⋯⋯⋯⋯⋯ 134
酸性塩⋯⋯⋯⋯⋯⋯ 137
酸性塩の水溶液⋯⋯ 140
酸性酸化物⋯⋯⋯⋯ 152
酸素⋯⋯⋯⋯⋯ 15, 157
酸の価数⋯⋯⋯⋯⋯ 126

## し

式量⋯⋯⋯⋯⋯⋯⋯ 102
指示薬⋯⋯⋯⋯⋯⋯ 134
十酸化四リン⋯⋯⋯ 16
質量作用の法則⋯⋯ 130
質量数⋯⋯⋯⋯⋯⋯ 31
質量パーセント濃度⋯ 114
質量保存の法則⋯⋯ 117
質量モル濃度⋯⋯⋯ 114
弱塩基⋯⋯⋯⋯⋯⋯ 129
弱酸⋯⋯⋯⋯⋯⋯⋯ 128
斜方硫黄⋯⋯⋯⋯ 15, 18
シャルルの法則⋯⋯ 26
周期⋯⋯⋯⋯⋯⋯⋯ 45
周期表⋯⋯⋯⋯⋯⋯ 45
周期律⋯⋯⋯⋯⋯⋯ 45
シュウ酸⋯⋯⋯ 145, 165
重水素⋯⋯⋯⋯⋯⋯ 33
自由電子⋯⋯⋯⋯⋯ 61

充填率⋯⋯⋯⋯⋯⋯ 91
17 族元素⋯⋯⋯⋯⋯ 51
重量パーセント濃度⋯ 114
純物質⋯⋯⋯⋯⋯ 9, 14
昇華⋯⋯⋯⋯⋯⋯⋯ 12
昇華熱⋯⋯⋯⋯⋯⋯ 23
硝酸⋯⋯⋯⋯⋯⋯⋯ 124
硝酸イオン⋯⋯⋯⋯ 73
状態変化⋯⋯⋯⋯⋯ 24
蒸発熱⋯⋯⋯⋯⋯⋯ 23
常用対数⋯⋯⋯⋯⋯ 134
蒸留⋯⋯⋯⋯⋯⋯⋯ 10
蒸留水⋯⋯⋯⋯⋯⋯ 10

## す

水酸化カルシウム⋯⋯ 124
水酸化ナトリウム⋯ 124, 145
水酸化物イオン濃度
⋯⋯⋯⋯⋯⋯ 130, 131
水素⋯⋯⋯⋯⋯ 157, 165
水素イオン⋯⋯⋯⋯ 124
水素イオン濃度
⋯⋯⋯⋯⋯ 127, 129, 131
水素結合⋯⋯⋯⋯⋯ 85
水和⋯⋯⋯⋯⋯⋯⋯ 87

## せ

正塩⋯⋯⋯⋯⋯⋯⋯ 137
正塩の水溶液⋯⋯⋯ 138
正極⋯⋯⋯⋯⋯⋯⋯ 174
精製⋯⋯⋯⋯⋯⋯⋯ 10
生成物⋯⋯⋯⋯⋯⋯ 109
赤リン⋯⋯⋯⋯⋯ 15, 18
セ氏温度⋯⋯⋯⋯⋯ 25
絶対温度⋯⋯⋯⋯⋯ 25
絶対零度⋯⋯⋯⋯⋯ 25
セルシウス温度⋯⋯ 25
遷移元素⋯⋯⋯⋯ 46, 47

## そ

相対質量⋯⋯⋯⋯⋯ 101
族⋯⋯⋯⋯⋯⋯⋯⋯ 45
組成式⋯⋯⋯⋯⋯⋯ 59

## た

第 1 イオン化エネルギー
⋯⋯⋯⋯⋯⋯⋯ 42, 44

第 3 イオン化エネルギー
⋯⋯⋯⋯⋯⋯⋯⋯ 44
体心立方格子⋯⋯⋯ 88
対数⋯⋯⋯⋯⋯⋯⋯ 134
体積モル濃度⋯⋯⋯ 114
第 2 イオン化エネルギー⋯ 44
ダイヤモンド⋯ 15, 17, 67
単位格子⋯⋯⋯⋯⋯ 89
単結合⋯⋯⋯⋯⋯ 63, 72
単原子分子⋯⋯⋯ 18, 37
炭酸カルシウム⋯⋯ 113
単斜硫黄⋯⋯⋯⋯ 15, 18
単体⋯⋯⋯⋯⋯⋯ 14, 163

## ち

抽出⋯⋯⋯⋯⋯⋯⋯ 11
中性⋯⋯⋯⋯⋯⋯⋯ 133
中性子⋯⋯⋯⋯⋯⋯ 31
中和⋯⋯⋯⋯⋯ 136, 141
中和滴定⋯⋯⋯⋯⋯ 145
中和滴定曲線⋯⋯⋯ 149
中和点⋯⋯⋯⋯ 145, 149
中和反応⋯⋯⋯ 136, 141

## て

定比例の法則⋯⋯⋯ 117
電解質⋯⋯⋯⋯⋯⋯ 60
電気陰性度⋯⋯⋯⋯ 78
電気分解⋯⋯⋯⋯⋯ 176
典型元素⋯⋯⋯⋯ 46, 47
電子⋯⋯⋯⋯⋯ 31, 158
電子雲⋯⋯⋯⋯⋯⋯ 53
電子殻⋯⋯⋯⋯⋯⋯ 35
電子軌道⋯⋯⋯⋯⋯ 53
電子式⋯⋯⋯⋯⋯⋯ 69
電子親和力⋯⋯⋯⋯ 42
展性⋯⋯⋯⋯⋯⋯⋯ 61
電池⋯⋯⋯⋯⋯⋯⋯ 174
電池式⋯⋯⋯⋯⋯⋯ 175
電池の分極⋯⋯⋯⋯ 176
電導性⋯⋯⋯⋯⋯⋯ 61
天然高分子化合物⋯⋯ 64
電離⋯⋯⋯⋯⋯⋯⋯ 60
電離度⋯⋯⋯⋯⋯⋯ 127
電離平衡⋯⋯⋯⋯⋯ 130

## と

同位体⋯⋯⋯⋯⋯ 33, 101

さくいん 201

| | | |
|---|---|---|
| 同族元素⋯⋯⋯⋯⋯⋯ 47 | ふ | 未定係数法⋯⋯⋯⋯⋯ 110 |
| 同素体⋯⋯⋯⋯⋯⋯⋯ 15 | ファンデルワールス力⋯⋯ 84 | む |
| ドライアイス⋯⋯⋯⋯⋯ 65 | フェノールフタレイン⋯ 149 | 無機化合物⋯⋯⋯⋯⋯ 64 |
| ドルトン⋯⋯⋯⋯⋯ 103, 117 | 不活性ガス⋯⋯⋯⋯⋯ 37 | 無機物⋯⋯⋯⋯⋯⋯⋯ 64 |
| な | 負極⋯⋯⋯⋯⋯⋯⋯ 174 | 無機物質⋯⋯⋯⋯⋯⋯ 64 |
| ナトリウム⋯⋯⋯⋯⋯ 165 | 不対電子⋯⋯⋯⋯⋯⋯ 69 | 無極性分子⋯⋯⋯⋯⋯ 79 |
| に | フッ化水素⋯⋯⋯⋯⋯ 85 | 無定形固体⋯⋯⋯⋯ 23, 25 |
| ニクロム酸カリウム | 物質の三態⋯⋯⋯⋯⋯ 23 | め |
| ⋯⋯⋯⋯⋯⋯ 165, 166 | 物質量⋯⋯⋯⋯⋯⋯ 104 | メタン⋯⋯⋯⋯⋯⋯⋯ 82 |
| 二酸化硫黄⋯⋯⋯ 165, 167 | 沸点⋯⋯⋯⋯⋯⋯⋯ 23 | メチルオレンジ⋯⋯⋯ 149 |
| 二酸化炭素⋯⋯⋯⋯ 113 | 物理的原子量⋯⋯⋯⋯ 104 | メニスカス⋯⋯⋯⋯⋯ 145 |
| 二次電池⋯⋯⋯⋯⋯ 174 | 物理変化⋯⋯⋯⋯ 24, 109 | 面心立方格子⋯⋯⋯⋯ 88 |
| 二重結合⋯⋯⋯⋯ 63, 72 | 不飽和溶液⋯⋯⋯⋯ 115 | メンデレーエフ⋯⋯⋯ 45 |
| 2族元素⋯⋯⋯⋯⋯⋯ 50 | フラーレン⋯⋯⋯⋯ 15, 18 | も |
| 二段階中和⋯⋯⋯⋯ 151 | プルースト⋯⋯⋯⋯ 117 | mol⋯⋯⋯⋯⋯⋯⋯ 104 |
| ニュートロン⋯⋯⋯⋯ 31 | ブレンステッド⋯⋯⋯ 125 | モル質量⋯⋯⋯⋯⋯ 105 |
| ね | ブレンステッドの定義⋯ 125 | モル濃度⋯⋯⋯⋯⋯ 114 |
| 熱運動⋯⋯⋯⋯⋯⋯ 22 | プロトン⋯⋯⋯⋯⋯ 31 | ゆ |
| 熱濃硫酸⋯⋯⋯⋯⋯ 165 | 分極⋯⋯⋯⋯⋯⋯⋯ 176 | 融解熱⋯⋯⋯⋯⋯⋯ 23 |
| の | 分子⋯⋯⋯⋯⋯⋯ 18, 62 | 有機化合物⋯⋯⋯⋯⋯ 64 |
| 濃硝酸⋯⋯⋯⋯⋯⋯ 165 | 分子間力⋯⋯⋯⋯ 65, 84 | 有機物⋯⋯⋯⋯⋯⋯ 64 |
| は | 分子結晶⋯⋯⋯⋯⋯ 65 | 融点⋯⋯⋯⋯⋯⋯⋯ 23 |
| 配位結合⋯⋯⋯⋯⋯ 74 | 分子式⋯⋯⋯⋯⋯⋯ 62 | よ |
| 配位子⋯⋯⋯⋯⋯⋯ 75 | 分子説⋯⋯⋯⋯⋯ 118 | 陽イオン⋯⋯⋯⋯⋯ 38 |
| 配位数⋯⋯⋯⋯⋯ 76, 88 | 分子量⋯⋯⋯⋯⋯ 102 | 溶液⋯⋯⋯⋯⋯⋯ 114 |
| 倍数比例の法則⋯⋯⋯ 118 | 分離⋯⋯⋯⋯⋯⋯⋯ 10 | 溶解度⋯⋯⋯⋯⋯⋯ 115 |
| ハロゲン⋯⋯⋯⋯⋯⋯ 51 | 分留⋯⋯⋯⋯⋯⋯⋯ 11 | 溶解度曲線⋯⋯⋯⋯ 115 |
| ハロゲン元素⋯⋯⋯⋯ 51 | へ | ヨウ化カリウムデンプン紙 |
| 半減期⋯⋯⋯⋯⋯⋯ 34 | 閉殻⋯⋯⋯⋯⋯⋯⋯ 37 | ⋯⋯⋯⋯⋯⋯⋯⋯ 16 |
| 反応物⋯⋯⋯⋯⋯⋯ 109 | β線⋯⋯⋯⋯⋯⋯⋯ 34 | 陽極⋯⋯⋯⋯⋯⋯ 176 |
| 半反応式⋯⋯⋯⋯⋯ 165 | ベルツェリウス⋯⋯⋯ 103 | 陽子⋯⋯⋯⋯⋯⋯⋯ 31 |
| ひ | 変色域⋯⋯⋯⋯⋯⋯ 134 | 溶質⋯⋯⋯⋯⋯⋯ 114 |
| pH⋯⋯⋯⋯⋯⋯⋯ 132 | ほ | 陽性元素⋯⋯⋯⋯⋯ 57 |
| pH試験紙⋯⋯⋯⋯⋯ 135 | 放射性同位体⋯⋯⋯⋯ 34 | ヨウ素⋯⋯⋯⋯⋯⋯ 65 |
| pH指示薬⋯⋯⋯⋯⋯ 134 | 放射線⋯⋯⋯⋯⋯⋯ 34 | ヨウ素デンプン反応⋯ 16, 51 |
| pHメーター⋯⋯⋯⋯ 135 | 飽和溶液⋯⋯⋯⋯⋯ 115 | 溶媒⋯⋯⋯⋯⋯⋯ 114 |
| 非共有電子対⋯⋯⋯⋯ 70 | ボーア⋯⋯⋯⋯⋯⋯ 52 | ら |
| 非金属元素⋯⋯⋯ 48, 57, 152 | ホールピペット⋯⋯⋯ 145 | ラザフォード⋯⋯⋯⋯ 52 |
| 非電解質⋯⋯⋯⋯⋯ 60 | ポリエチレン⋯⋯⋯⋯ 64 | ラボアジェ⋯⋯⋯⋯ 117 |
| ビュレット⋯⋯⋯⋯ 145 | ポリエチレンテレフタラート | り |
| 標準状態⋯⋯⋯⋯⋯ 107 | ⋯⋯⋯⋯⋯⋯⋯⋯ 64 | リービッヒ冷却器⋯⋯⋯ 10 |
| | ボルタ電池⋯⋯⋯⋯ 175 | |
| | み | |
| | 水のイオン積⋯⋯⋯ 132 | |

理想気体……………………26
硫化水素…………………165
硫酸………………………124
硫酸鉄(Ⅱ)…………………165
両性酸化物………… 48, 152
両性水酸化物………………48

## れ

励起状態……………………82

## ろ

ローリー…………………125
ろ過…………………………10
六方最密構造………………88

EDITORIAL STAFF

| | |
|---|---|
| ブックデザイン | グルーヴィジョンズ |
| 図版作成 | 青木　隆, 杉生一幸 |
| 写真提供 | OPO, OADIS |
| 編集担当 | 宮﨑　純 |
| 編集協力 | 秋下幸恵, 岡庭璃子, 髙木直子, 西岡小央里, 福森美惠子, 右田啓哉, 株式会社 U-Tee |
| DTP | 株式会社四国写研 |
| 印刷所 | 株式会社リーブルテック |

# 原子の電子配置　(s, p, d … の軌道についてはp.52の 参考 参照)

| | K | L | | M | | | N | | | | O | | | | P | | | Q |
|---|---|---|---|---|---|---|---|---|---|---|---|---|---|---|---|---|---|---|
| | 1s | 2s | 2p | 3s | 3p | 3d | 4s | 4p | 4d | 4f | 5s | 5p | 5d | 5f | 6s | 6p | 6d | 7s |
| 1 H | 1 | | | | | | | | | | | | | | | | | |
| 2 He | 2 | | | | | | | | | | | | | | | | | |
| 3 Li | 2 | 1 | | | | | | | | | | | | | | | | |
| 4 Be | 2 | 2 | | | | | | | | | | | | | | | | |
| 5 B | 2 | 2 | 1 | | | | | | | | | | | | | | | |
| 6 C | 2 | 2 | 2 | | | | | | | | | | | | | | | |
| 7 N | 2 | 2 | 3 | | | | | | | | | | | | | | | |
| 8 O | 2 | 2 | 4 | | | | | | | | | | | | | | | |
| 9 F | 2 | 2 | 5 | | | | | | | | | | | | | | | |
| 10 Ne | 2 | 2 | 6 | | | | | | | | | | | | | | | |
| 11 Na | 2 | 2 | 6 | 1 | | | | | | | | | | | | | | |
| 12 Mg | 2 | 2 | 6 | 2 | | | | | | | | | | | | | | |
| 13 Al | 2 | 2 | 6 | 2 | 1 | | | | | | | | | | | | | |
| 14 Si | 2 | 2 | 6 | 2 | 2 | | | | | | | | | | | | | |
| 15 P | 2 | 2 | 6 | 2 | 3 | | | | | | | | | | | | | |
| 16 S | 2 | 2 | 6 | 2 | 4 | | | | | | | | | | | | | |
| 17 Cl | 2 | 2 | 6 | 2 | 5 | | | | | | | | | | | | | |
| 18 Ar | 2 | 2 | 6 | 2 | 6 | | | | | | | | | | | | | |
| 19 K | 2 | 2 | 6 | 2 | 6 | | 1 | | | | | | | | | | | |
| 20 Ca | 2 | 2 | 6 | 2 | 6 | | 2 | | | | | | | | | | | |
| 21 Sc | 2 | 2 | 6 | 2 | 6 | 1 | 2 | | | | | | | | | | | |
| 22 Ti | 2 | 2 | 6 | 2 | 6 | 2 | 2 | | | | | | | | | | | |
| 23 V | 2 | 2 | 6 | 2 | 6 | 3 | 2 | | | | | | | | | | | |
| 24 Cr | 2 | 2 | 6 | 2 | 6 | 5 | 1 | | | | | | | | | | | |
| 25 Mn | 2 | 2 | 6 | 2 | 6 | 5 | 2 | | | | | | | | | | | |
| 26 Fe | 2 | 2 | 6 | 2 | 6 | 6 | 2 | | | | | | | | | | | |
| 27 Co | 2 | 2 | 6 | 2 | 6 | 7 | 2 | | | | | | | | | | | |
| 28 Ni | 2 | 2 | 6 | 2 | 6 | 8 | 2 | | | | | | | | | | | |
| 29 Cu | 2 | 2 | 6 | 2 | 6 | 10 | 1 | | | | | | | | | | | |
| 30 Zn | 2 | 2 | 6 | 2 | 6 | 10 | 2 | | | | | | | | | | | |
| 31 Ga | 2 | 2 | 6 | 2 | 6 | 10 | 2 | 1 | | | | | | | | | | |
| 32 Ge | 2 | 2 | 6 | 2 | 6 | 10 | 2 | 2 | | | | | | | | | | |
| 33 As | 2 | 2 | 6 | 2 | 6 | 10 | 2 | 3 | | | | | | | | | | |
| 34 Se | 2 | 2 | 6 | 2 | 6 | 10 | 2 | 4 | | | | | | | | | | |
| 35 Br | 2 | 2 | 6 | 2 | 6 | 10 | 2 | 5 | | | | | | | | | | |
| 36 Kr | 2 | 2 | 6 | 2 | 6 | 10 | 2 | 6 | | | | | | | | | | |
| 37 Rb | 2 | 2 | 6 | 2 | 6 | 10 | 2 | 6 | | | 1 | | | | | | | |
| 38 Sr | 2 | 2 | 6 | 2 | 6 | 10 | 2 | 6 | | | 2 | | | | | | | |
| 39 Y | 2 | 2 | 6 | 2 | 6 | 10 | 2 | 6 | 1 | | 2 | | | | | | | |
| 40 Zr | 2 | 2 | 6 | 2 | 6 | 10 | 2 | 6 | 2 | | 2 | | | | | | | |
| 41 Nb | 2 | 2 | 6 | 2 | 6 | 10 | 2 | 6 | 4 | | 1 | | | | | | | |
| 42 Mo | 2 | 2 | 6 | 2 | 6 | 10 | 2 | 6 | 5 | | 1 | | | | | | | |
| 43 Tc | 2 | 2 | 6 | 2 | 6 | 10 | 2 | 6 | 5 | | 2 | | | | | | | |
| 44 Ru | 2 | 2 | 6 | 2 | 6 | 10 | 2 | 6 | 7 | | 1 | | | | | | | |
| 45 Rh | 2 | 2 | 6 | 2 | 6 | 10 | 2 | 6 | 8 | | 1 | | | | | | | |
| 46 Pd | 2 | 2 | 6 | 2 | 6 | 10 | 2 | 6 | 10 | | | | | | | | | |
| 47 Ag | 2 | 2 | 6 | 2 | 6 | 10 | 2 | 6 | 10 | | 1 | | | | | | | |
| 48 Cd | 2 | 2 | 6 | 2 | 6 | 10 | 2 | 6 | 10 | | 2 | | | | | | | |
| 49 In | 2 | 2 | 6 | 2 | 6 | 10 | 2 | 6 | 10 | | 2 | 1 | | | | | | |
| 50 Sn | 2 | 2 | 6 | 2 | 6 | 10 | 2 | 6 | 10 | | 2 | 2 | | | | | | |
| 51 Sb | 2 | 2 | 6 | 2 | 6 | 10 | 2 | 6 | 10 | | 2 | 3 | | | | | | |
| 52 Te | 2 | 2 | 6 | 2 | 6 | 10 | 2 | 6 | 10 | | 2 | 4 | | | | | | |
| 53 I | 2 | 2 | 6 | 2 | 6 | 10 | 2 | 6 | 10 | | 2 | 5 | | | | | | |
| 54 Xe | 2 | 2 | 6 | 2 | 6 | 10 | 2 | 6 | 10 | | 2 | 6 | | | | | | |